ともだちになろう ふるさとの川

編集：(財)リバーフロント整備センター
監修：パートナーシップによる
　　　河川管理のあり方に関する研究会

川のパートナーシップ
ハンドブック
【2000年度版】

信山社サイテック

はじめに

　近年、川は自然豊かで貴重なオープンスペースとして、レクリエーション、スポーツや自然と身近に触れあう場として見直されています。さらに、川は地域の風土と文化を形成する重要な場であるという認識が高まっています。
　こうした河川環境に対する関心の高まりを受けて、平成7年に河川審議会により答申された「今後の河川環境のあり方」では、川は市民にとって身近な自然環境であり、地域に密着した共有財産ととらえ、川と地域の関係の再構築を提言しています。その後、平成9年には河川法が改正され、河川管理の目的に従来の治水、利水に「河川環境の整備と保全」が加えられるとともに、河川整備計画の策定においても地域の意見を聞く手続きが導入され、川づくりへの「市民参加」が位置づけられました。

　従来、河川の管理は治水、利水を中心に河川管理者が行ってきましたが、良好な河川環境の形成は健全な水循環の回復も視野に入れた流域での取り組みが重要であり、情報交換や人材の育成等を含めた対応を市民とともに役割分担する「パートナーシップ」の形成が不可欠になってきました。
　また、個性豊かな自立型の地域社会の形成を図るためには、河川の分野においても地方分権の考え方に基づき、国と地方の管理区分の見直しを行うのみならず、流域における多様な主体と幅広く連携した河川管理が不可欠になっています。
　今後は、それぞれの川で、川・流域の情報が公開され、地域の人々と関係自治体、河川管理者とによって共有しあうことを通じて緊密な連携・協調を図り、協力関係を築き、具体的に行動することが求められています。

　このような川をとりまく社会状況や市民、行政の取り組みを背景として、建設省では平成9年度に「パートナーシップによる河川管理のあり方に関する研究会」を設置し、検討を進めてまいりましたが、その成果が平成11年6月に「パートナーシップによる河川管理に関する提言」としてとりまとめられました。本書は、この提言をもとに、川づくりの現場に携わる行政担当者と、川や流域にかかわる市民活動に携わる実践者が、協力・連携して取り組むためのハンドブックとして刊行するものです。パートナーシップの取り組みが進展しつつある現時点でとりまとめたものであり、不十分な点があろうかと思います。今後、皆様のご意見を頂きながらより充実させていきたいと考えています。

目　次

はじめに

本書の趣旨と構成 …………………………………………………… 1

【概　要　編】

1　パートナーシップによる河川管理の必要性 ………………………… 6
2　パートナーシップによる河川管理を進めるにあたって …………… 8
　2－1　多様な各主体の川とのかかわりを再認識する ………… 8
　2－2　情報を共有しお互いを理解する ………………………… 8
　2－3　多様なパートナーシップで取り組む …………………… 9
　2－4　パートナーシップによる取り組みはプロセスが重要である ‥ 10
3　パートナーシップによる河川管理の実現のために ………………… 11
　3－1　多様な主体による河川管理のしくみづくり …………… 11
　3－2　各主体の役割と取り組み ………………………………… 18
　3－3　市民と行政の協働 ………………………………………… 25
4　今後の課題 ……………………………………………………………… 27

【アイデア編】

1　多様な主体による河川管理のしくみをつくる ……………………… 31
　市民と川とのふれあいを増やす ……………………………………… 31
　1－1　川の知識・情報を共有する ……………………………… 31
　1－2　水辺の魅力を高め市民の関心を高める ………………… 35
　1－3　川に親しむ機会を増やす ………………………………… 38
　市民が川づくりへ参加するしくみをつくる ………………………… 39
　1－4　日常的な意見交換の場をつくる ………………………… 39
　1－5　緩やかな合意形成の場をつくる ………………………… 40
　1－6　市民参加による計画づくり ……………………………… 42
　1－7　市民が川づくりの一部を担う …………………………… 44
2　市民・河川管理者・自治体・企業がそれぞれの役割を担う ……… 47
　河川管理者が変わる …………………………………………………… 47
　2－1　職員の意識を改革する …………………………………… 47
　2－2　市民との対話を通じて行政へ反映させる ……………… 49
　2－3　情報公開を積極的にすすめる …………………………… 50
　2－4　市民活動を支援する ……………………………………… 52

2－5　行政間の協力・連携を強化する ································ 53
市民がパワーアップする ·· 54
　　　2－6　川に学ぶ機会をつくる ·· 54
　　　2－7　市民情報の提供 ·· 55
　　　2－8　市民の自立した活動を促す ···································· 57
　　　2－9　市民のネットワークをつくる ·································· 58
　　　2－10　川の人材を育てる ·· 60
自治体が参画する ·· 62
　　　2－11　河川行政と協力・連携する ·································· 62
　　　2－12　流域自治体をネットワークする ······························ 65
企業が力を発揮する ·· 66
　　　2－13　企業が参加する ·· 66
　　　2－14　市民活動をサポートする ···································· 68
3　一緒に取り組む ·· 69
　　　3－1　共同事業・調査を行う ·· 69
　　　3－2　計画から維持管理まで一貫した共同作業 ···················· 72
　　　3－3　協働で計画をつくる ·· 74
　　　3－4　協働を持続・発展させる ······································ 75

【パートナーシップの現場から】

1　官民協働による通船川再生事業の取り組み ························· 81
　　　1－1　行政との取り組みの具体的な内容 ···························· 81
　　　1－2　取り組みのきっかけ、経緯、プロセス ······················ 82
　　　1－3　取り組みの進め方及び役割分担 ······························ 83
　　　1－4　取り組みの成果及び課題（改善点、問題点） ················ 84
2　湖と森と人を結ぶ霞ヶ浦アサザプロジェクト ······················ 86
　　　2－1　流域の産業や教育と連携することで広域的で継続的な
　　　　　　水環境保全の実現 ··· 86
　　　2－2　アサザを生かした湖の再生事業・環境教育の展開 ·········· 86
　　　2－3　湖と水源を結んだ再生事業の展開 ···························· 86
　　　2－4　流域に新しい産業をつくる ···································· 87
　　　2－5　水田と流入河川を湖の再生事業に連携させた取り組み ······ 87
　　　2－6　湖再生の拠点となるビオトープを建設省や市町村と
　　　　　　連携して造る ·· 88
　　　2－7　漁協と共同で実施するヨシ原再生事業 ······················ 88
　　　2－8　保全生態学の社会的実践 ······································ 89
　　　2－9　アサザの里親制度から市民による流域管理への展開 ········ 89
　　　2－10　多様な分野の連携をつくる主役は市民 ······················ 90

2-11	取り組みの成果および課題	91
3	旭川流域ネットワーク(AR-NET)と旭川流域連絡協議会	92
3-1	旭川源流の碑と旭川流域ネットワーク	92
3-2	旭川流域ネットワークの組織と活動方針	93
3-3	旭川流域連絡協議会と旭川清流ワークショップ	95
3-4	河川行政に関する意見交換会	96
3-5	成果と今後の課題	96
4	全国水環境交流会	98
4-1	経　緯	98
4-2	目　的	98
4-3	組　織	98
4-4	議論・交流のルール	99
4-5	これまでの全国大会・テーマ及び開催地	99
4-6	各地域の活動状況	100
5	二ヶ領せせらぎ館の市民運営	102
5-1	経　緯	102
5-2	概　要	104
5-3	活　動	104
5-4	運営委員会	106
6	北上川リバーマスタースクール	107
6-1	リバーマスタースクールの内容	107
6-2	経　緯	108
6-3	進め方・分担	108
6-4	関係者の模式図	109
6-5	成果と課題	109

【参考資料編】

- 「パートナーシップによる河川管理に関する提言」　112
- 経済・社会の変化に対応した河川管理体系のあり方について
  「河川管理への市町村参画の拡充方策について」　118
- 掲載事例の問い合わせ先　121
- 「パートナーシップによる河川管理のあり方に関する研究会」構成メンバー　124
- 監修にあたって、各委員から一言　125

本書の趣旨と構成

今後の川づくりは市民と行政等とが、互いにパートナーとしての主体を形成し、双方が対等の立場で信頼関係を築きながら取り組むことが基本となります。本書は、こうした市民、行政等が河川管理において、協力してパートナーシップを育てていくために参考となる事例とアイデアの提供をねらいとして作成したものです。

　本書は、「パートナーシップによる河川管理に関する提言」を解説した「**概要編**」、現場で役立つメニューと参考事例を掲載した「**アイデア編**」、そして、パートナーシップによる河川管理を進める上での課題解決の糸口となる実践事例を紹介した「**パートナーシップの現場から**」の3編から構成されています。

　なお、ここに掲載した事例は、必ずしも全国の活動を網羅したものではなく、あくまで研究会の検討経過の中で取り上げられたものを中心に紹介したものです。

　また、ここで使う「河川管理」、「河川管理者」、「パートナーシップ」、「市民」の用語は以下のような意味で用いています。

　「河川管理」は、河川管理者が行ってきた従来の河川管理（河川の情報収集や調査、構想や計画の作成、設計、工事、維持管理等）にとどまらず、川を対象として市民が行う活動（河川愛護活動、環境学習、イベント等）を含むものとしてとらえています。

　また「河川管理者」は、河川法においては建設大臣（一級河川）と都道府県知事（二級河川）等ということになりますが、ここでは河川管理にもっぱら携わる行政組織や行政官をさして用いています。

　「パートナーシップ」は、「協働」という広い意味合いで用いています。河川管理にかかわる「パートナーシップ」には様々な段階と多様な形態があると考えられますが、本書では市民と行政が対等の立場で、計画づくりから整備、管理まで役割分担して行う取り組みまで含めて考えています。今後全国で展開される「パートナーシップ」を基調とした様々な活動を通じて、河川管理における「パートナーシップ」概念が将来確立していくものと考えます。

　「市民」は、「住民」のように地縁や特定の利害関係で結ばれているといった意味はなく、「住民」をも含んだ幅広い意味で用いています。本書では、河川管理にかかわるパートナーシップの主体が地縁的な人々や特定の目的の組織だけに限定されるとは限らないとの考え方から、「市民」という言葉を幅広い意味を持たせて用いています。さらに組織的な活動を行う「市民団体」（NPO、NGO等を含む）も含めて用いています。

　パートナーシップは本来双方が対等の立場でお互いの利点、欠点を出し合い、話し合いを通じて信頼関係のもとに取り組むことが基本ですが、現在の全国の様々な取り組みもその模索段階にあるといえるでしょう。

　研究会においても多くの議論がなされましたが、必ずしもすべてを反映できたとは言えません。例えば、「パートナーシップと市民参加の区別をした方がよいのではないか」「意識的にパートナーシップで取り組んだ事例等に絞った方がわかりやすいのではないか」「ここで扱う『市民』の幅が広すぎ、NGO・NPOに対象を絞って提案すべきではないか」「分権とパートナーシップの必要性との関係を示すべきではないか」などですが、現段階でこれらについて委員の間に必ずしも共通認識ができているわけではありません。

　今後の河川管理においては、しっかり地に足がついたパートナーシップを育てていくことが望まれます。そのためには、まず現場で具体の行動を起こし、その結果得られた様々な知恵や工夫、あるいは反省を積み重ねることがなによりも先決だと考えます。そして、こうして得られた成果を取り入れ、さらによりよいハンドブックにしていきたいと考えます。

本書の構成

本書の趣旨と構成

概要編

1　パートナーシップによる河川管理の必要性
2　パートナーシップによる河川管理を進めるにあたって
　●多様な各主体の川とのかかわりを再認識する
　●情報を共有しお互いを理解する
　●多様なパートナーシップで取り組む
　●パートナーシップによる取り組みはプロセスが重要である
3　パートナーシップによる河川管理の実現のために
　●多様な主体による河川管理のしくみづくり
　●各主体の役割と取り組み
　●市民と行政の協働
4　今後の課題

アイデア編

1　多様な主体による河川管理のしくみをつくる
2　市民・河川管理者・自治体・企業がそれぞれの役割を担う

- 市民と川のふれあいを増やす
- 市民が川づくりに参加するしくみをつくる
- 河川管理者が変わる
- 市民がパワーアップする
- 自治体が参画する
- 企業が力を発揮する

3　一緒に取り組む

パートナーシップの現場から

1　官民協働による通船川再生事業の取り組み
2　湖と森と人を結ぶ霞ヶ浦アザザプロジェクト
3　旭川流域ネットワーク（AR-NET）と旭川流域連絡協議会
4　全国水環境交流会
5　二ヶ領せせらぎ館の市民運営
6　北上川リバーマスタースクール

参考資料編

- 「パートナーシップによる河川管理に関する提言」
- 経済・社会の変化に対応した河川管理体系のあり方について「河川管理への市町村参画の拡充方策について」
- 掲載事例の問い合わせ先
- 「パートナーシップによる河川管理に関する研究会」構成メンバー
- 監修にあたって、各委員から一言

概要編

1 パートナーシップによる河川管理の必要性 …………………… **6**
2 パートナーシップによる河川管理を進めるにあたって ……… **8**
3 パートナーシップによる河川管理の実現のために …………… **11**
4 今後の課題 ……………………………………………………… **27**

1　パートナーシップによる河川管理の必要性

　これまでの河川管理は、頻発する洪水や渇水に対して早急に対策を行う必要に迫られたため、効率の良い画一的な手法が優先され行われてきました。その結果、地域で育まれてきた川の個性や文化が損なわれてしまうことがしばしばありました。また、水質等の河川環境の悪化により、地域の人々は川と触れあうことが少なくなり、精神的にも地域と川の関係が疎遠となってしまいました。

　今後は、地域の人々が川に誇りと親しみを持つことができるよう、河川特性、地域の歴史・文化を踏まえた河川管理を行い、川と地域の人々とのかかわりを再構築する必要があります。

　一方、国民の生活、意識の多様化の中で、川へのかかわりやニーズも多様化しましたが、これまで行ってきた河川管理は、それらのニーズに十分対応できたとは必ずしも言えません。今後は、市民としての多様な視点で、これまで行われてきた河川管理の内容や方法、役割分担をとらえ直し、様々なニーズに対して柔軟かつ機敏に、良質な河川管理を行うことが必要です。

　これまでは、河口堰やダム建設反対運動などのように河川事業において、市民との合意形成が必ずしも十分でないまま事業が行われ、市民と行政との対立が生じていることもあります。これからの河川管理にあたっては、それぞれの河川、地域の状況をきめ細かく把握し、情報を適切に公開し、双方理解が得られるまで十分に対話し、合意形成を図ることが極めて重要です。

　こうした河川をとりまく情勢が変化するなか、平成9年には河川法が改正され、河川環境の保全と整備がその目的に位置づけられるとともに、河川整備計画の策定において地域の意見を聞くこととなりました。

　良好な河川環境の実現のためには、それぞれの河川、地域の状況にきめ細かく対応していくことが不可欠ですが、これらを河川管理者だけで実施することには限界があります。

　平成11年3月に、河川審議会から「新たな水循環・国土管理に向けた総合行政のあり方について」(1)流域における水循環のあり方、(2)総合土砂管理、(3)川に学ぶ、(4)河川を生かした都市の再構築、(5)水・土砂災害の危機管理等の答申がなされました。さらに、平成11年12月から「経済・社会の変化に対応した河川管理体系のあり方について」が河川審議会に諮問され、「河川管理における市民団体等との連携方策のあり方について」が審議されています。

　このような観点から、今後は、健全な水循環の回復も視野に入れ、市民、企業、自治体、河川管理者とが日ごろから十分なコミュニケーションを図り、緊密な連携・協調に努め、協力関係を築き、具体的に行動することが求められます。

川にかかわるパートナーシップの取り組みの背景

	社 会 の 動 き	川と市民とのかかわり	河川行政の対応
昭和30年代	・高度成長 ・急速な都市化 ・公害問題 ・東京オリンピック	水質汚濁 ↓ 市民の川ばなれ	・水質調査の実施(S33〜) ・水質汚濁防止連絡協議会設置(S33〜)
40年代	〈S42公害対策基本法〉 〈S45水質汚濁防止法〉 ・オープンスペースのニーズ ・親水性へのニーズ ・ゴミ問題	オープンスペース利用 ニーズの高まり ↓ 親水ニーズの多様化	・河川審議会答申「占用許可の方針について」(S40) ・河川浄化事業、河道整備事業(S44〜)等の水質浄化、河川環境整備、親水整備の推進
50年代	・市民による河川清掃の取り組み ・各地域でのまちづくりの展開 ・川と水のイベント増加 ・水辺の復権運動への展開（水文化、水環境など） ・歴史、景観、文化の重視（花火、屋形船、レガッタ等の復活） ・全国的な市民会議の始まり	洪水管理から日常の 河川空間利用・管理へ 視 点 の 拡 大	・河川環境施策の推進、理念の確立の必要性 ・河川審議会答申「河川環境管理のあり方について」(S56) ・河川環境管理基本計画の策定(S55〜) ・河川審議会答申「河川敷地占用許可準則の見直しについて」(S58) ・流域での総合治水対策の推進
60年代	・地域住民の計画づくりへの参加 ・生活の多様化 ・ヒートアイランド等都市環境の悪化 ・うるおいのある水系環境への関心の高まり	河川整備における 市 民 参 加 要 請 ↓ 水辺とまちと一体的整備	・河川整備基金(S62) ・ふるさとの川のモデル事業(S62〜)等川とまちの一体整備、各種環境整備事業の推進(川、ダム湖、砂防など) ・ラブリバー制度(S63〜)
平成元年代	・自然保護思想の高まり ・長良川河口堰反対運動 〈H4絶滅のおそれのある野生動植物の種の保存に関する法律〉 ・地球環境問題への関心 ・省資源化、省エネルギー ・安全でおいしい水へのニーズ 〈H4都市計画法の改正〉 〈H4アジェンダ21〉 〈H5環境基本法〉 ・市町村マスタープラン始まる 〈H6環境政策大綱〉 ・震災等による都市防災意識の高まり・防災ボランティア等社会的役割の認知 〈H9時のアセスメント〉 ・ダム、河口堰等大規模公共事業への反対運動 ・各地で住民投票条例による投票の実施(原発、産廃処理場等) ・市民のネットワークづくりの展開	環境の重視 ↓ 安全でおいしい 水 へ の 要 請 ↓ 地域アイデンティティ の 再 認 識	・多自然型川づくり(H2〜)等自然環境に配慮した河川整備の推進 ・河川水辺の国勢調査(H2〜) ・河川審議会答申「今後の河川整備はいかにあるべきか」(H3) ・河川環境保全モニター制度(H5〜)等による日常管理への市民参加の推進 ・清流ルネッサンス21(H5〜)等水質改善の推進 ・河川審議会答申「今後の河川整備のあり方について」(H7)(生物の多様な生育・生息環境の確保、健全な水循環系の確保、河川と地域の関係の再構築) ・365日の川づくり ・ダム等事業審議委員会の発足(H7)
10年代	〈H10特定非営利活動促進法制定〉 ・市民による流域活動の活発化 ・川のNPO法人等の登場	治水・利水・河川 環 境 の 総 合 化 ↓ 流域・水循環の視点拡大 ↓ 河川管理における 市民・行政との連携	・河川法改正(H9)(河川環境が目的に、地域意向を反映) ・「川に学ぶ」シンポジウム(H10〜) ・「川の日」ワークショップ(H10〜) ・「パートナーシップによる河川管理に関する提言」(H11) ・河川審議会答申「新たな水循環・国土管理に向けた総合行政のあり方について」(H11) ・事業評価、事後評価始まる

1 パートナーシップによる河川管理の必要性

パートナーシップによる河川管理を進めるにあたって

川にかかわる市民や行政、企業など様々な人々がパートナーシップによって河川管理を進めるにあたっては次のような視点が重要です。

2-1　多様な各主体の川とのかかわりを再認識する

　市民にとっては、水路や池も川と同じ水辺であるように、市民の川のとらえ方やかかわり方が行政と違っている場合が多いようです。また、行政においても、河川担当部局とまちづくり担当部局とでは川のとらえ方が違う場合があります。さらに、農業従事者と漁業従事者、川の近くに住む人と遠くに住む人では川のかかわり方やとらえ方が違うように、市民は様々な考えや意識を持っています。

　このように、各主体と川とのかかわりは多様であることをまず認識することが必要です。こうした多様な価値観を持つ様々な主体が、河川管理にかかわることを市民、河川管理者がともに認識し、これまでの市民と行政の関係を見直し、互いに相手の価値観を理解し尊重し信頼し合える関係を回復、再構築する姿勢がまず大切です。

□川にかかわる多様な市民活動の例

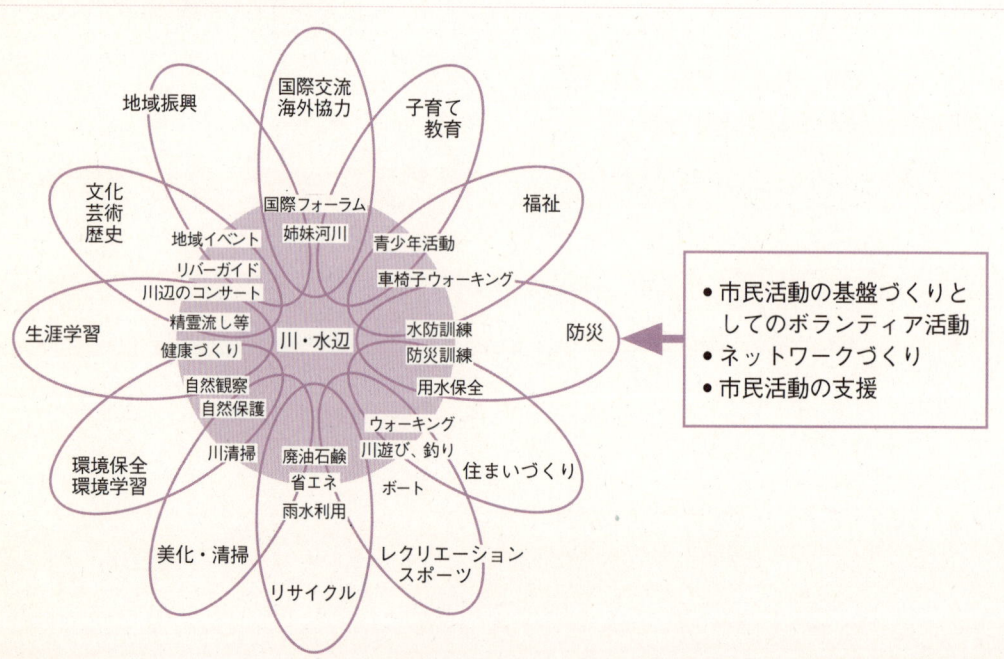

2-2　情報を共有しお互いを理解する

　河川管理者、市民は、異なる問題意識や様々な川の将来像を持っている場合が多い。河川事業を行う際に、互いの情報が十分相手に伝わっていないためにそれぞれの立場や考え方が理解されず、対立しているケースもあります。こうした対立をできるだけ回避し、市民と行政とがよりよ

い関係をつくっていくためには、互いの情報を十分交換し共通の情報として共有することが必要です。さらに、ビジョンを交換し、それぞれの立場や考え方を尊重した上で議論することが求められます。その結果、共同で取り組もうとする活動の目標や手順、スケジュール、役割や責任の分担などが設定しやすくなり、双方が納得のいく成果につながります。パートナーシップによる取り組みは、このように関係者が互いの情報を共有し、相互に理解し合うことから始めることが重要です。

□ 情報共有のためのツール

- 各種パンフレット、チラシ
- 会報誌、新聞
- インターネットを使ったホームページ、パソコン通信
- 交流会、勉強会、懇談会など話し合いの機会　等

2-3　多様なパートナーシップで取り組む

　川と地域のかかわりは、地域の中で育まれてきた川と人々との歴史であり、地域固有の文化でもあります。したがって、市民の川へのかかわり方によって様々なパートナーシップの段階が考えられます。さらに、実施する内容や目的によって、パートナーの役割や責任の分担が異なってきます。すなわち、パートナーシップによる河川管理は、全国一律に考えるべきでなく、地域の実情に沿って、それぞれ独自の方法で段階を踏まえて行うことが望ましいと考えます。

□ 河川管理にかかわる地域の主体の例

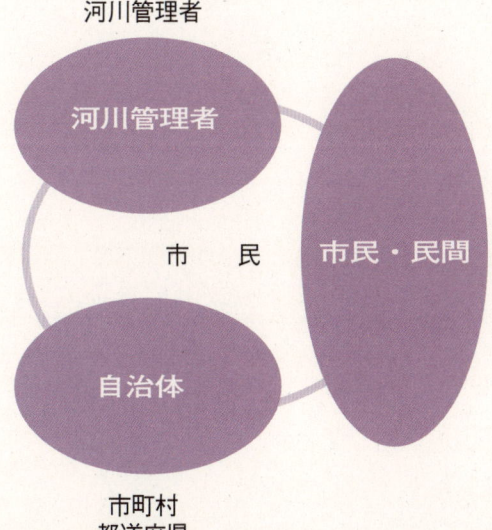

住民自治組織
利用者団体
環境ボランティア団体
病院、福祉団体、水防活動団体
学校、教育機関、研究機関　ＰＴＡ
商工会議所、商店会等地域経済団体
企業、漁業協同組合、水利組合
ＮＰＯ・ＮＧＯ

2-4　パートナーシップによる取り組みはプロセスが重要である

　パートナーシップによる取り組みは、様々な価値観があることを前提として、現状の認識から双方が納得する方法で、ともに理解を得ながら一歩一歩着実に進めることが重要です。したがって、目標の達成度のみならず、手順を踏んで議論し実践するプロセス自体が極めて大切で、このようなプロセスを経てはじめて、合意が形成されると考えます。

　また、行政、市民は、ともにこのような実践を通じて、お互いの考え方や役割を学習し、自らの役割を自覚し能力を高めていくことで自立した主体を形成することができます。パートナーシップによる河川管理では、こうした学習を通じて互いに影響し合い、力を高めあっていくプロセスを大切にすることが求められます。さらに、当初の意見や考えが学習を通じて変わっていく場合もあることを双方ともに認めることが重要です。

　本来は、こうしたプロセスを踏まえて合意が形成され、意思決定に至ることが理想ですが、その条件として、関係者に合意形成のプロセスを明らかにし、意思決定が誰によってどこでどのようになされるかを、きちんと情報公開することです。そのためには、合意形成のための様々な場や機会が用意されるとともに、その運営のルールも必要となります。

　一方、一緒に取り組んで合意に至らなかったとしても、その経過を記録として残し、次への取り組みの参考とする姿勢が必要です。

◻ パートナーシップによる取り組みのプロセス

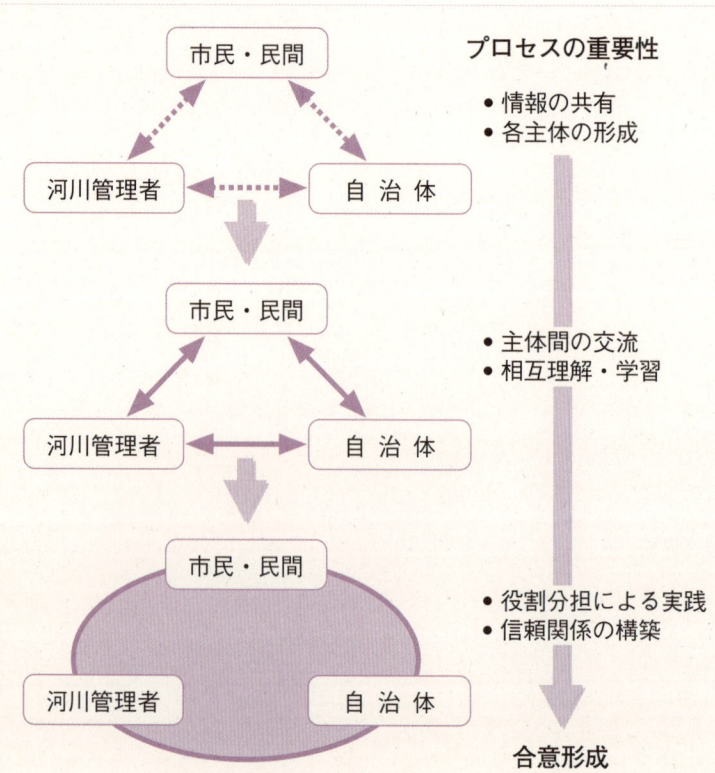

3 パートナーシップによる河川管理の実現のために

　パートナーシップによる河川管理は、市民・企業・地方自治体・河川管理者等のそれぞれの特性を生かし、主体性と信頼関係を基礎として、適切な役割分担のもとで納得して取り組むことが重要です。そのために、次のような取り組みをできるところから積極的に進めていくことが望まれます。

3-1　多様な主体による河川管理のしくみづくり

　パートナーシップによる河川管理は、価値観の異なる多様な主体があることを前提とするため、関係者が様々なレベルで情報を共有し、コミュニケーションを活発にしながら取り組むことが大切です。

　実験的・試行的な取り組みや計画策定から整備、維持管理までの一連のプロセスを通じて、様々な段階に市民がかかわれるしくみが不可欠です。

　そのために、各河川で市民と行政との日常的な意見交換のレベルから、議論を行い合意形成を行うレベル、さらに市民が整備や維持管理など河川管理の一部を担うレベルまで、市民が参加できる機会を設ける必要があります。

（1）情報の共有

　行政は、情報を広く公開することが不可欠です。さらに、市民の情報を積極的に収集し、関係者がお互いの情報を提供し、共有することがまず、信頼関係を築く基本的条件です。このために、広報誌・パンフレットの充実やインターネットなどによる情報提供等の工夫を行います。また、情報の収集にあたっては、市民が日常的な活動を通じて収集し蓄積した、川の流域にかかわる様々な情報を活用したり、市民に協力を得て市民の視点で川の情報を集めてもらうことが考えられます。こうして市民と行政は、情報の共有を通じて互いの立場や考え方を理解することで、信頼関係を築くことができるのです。

□ 霞ヶ浦インフォメーションセンター「水の交流館」（利根川水系：霞ヶ浦、茨城県）

　霞ヶ浦インフォメーションセンターは、市民の要望に応えて建設省霞ヶ浦工事事務所が、湖に関する情報の提供、市民の交流の場として開設した。運営・管理にあたっては、1995年に開催された第6回湖沼会議に向けて様々な団体、企業、研究者、住民により結成された「世界湖沼市民の会」と、霞ヶ浦に関するシンクタンクとして調査・研究をしてきた「霞ヶ浦情報センター」とが共に発展的に解消して設立された「（社）霞ヶ浦市民協会」に委託されている。このセンターは展示館、実習館2棟、ミニ・ビオパークなどから構成されている。展示館では、市民団体や企業の活動内容等のパネルを展示するほか、湖に棲む生物、霞ヶ浦や他の湖沼の環境問題などに関する図書やデータ等を提供している。実習館では霞ヶ浦に関する学習やスライドやビデオの上映、調理、紙すき、廃油を利用した石鹸作りなどの学習や実習が行われている。ミニ・ビオパークでは、施設内の雑排水や霞ヶ浦の湖水をミント、クレソンなどの水生植物で浄化している。

JICA研修生と市民との交流
提供：（社）霞ヶ浦市民協会

❏「川のフォーラム」(社)日本河川協会主催

　(社)日本河川協会は、全国の都道府県や自治体と地域NPO、NGOや河川愛護協会等との交流の機会として「川のフォーラム」を各県ごとに実施している。これまで長野、愛知、佐賀、北海道、富山、千葉、山口、埼玉県の各県で実施し、相互の交流促進を図っている。

会場展示されたバードカービングや埼玉県内の過去における水害のパネル

パネルディスカッションの様子

提供：(社)日本河川協会協会　「川のフォーラムinさいたま」(平成11年11月24日)

❏ 多摩川相談室（多摩川水系：多摩川、東京都・山梨県・神奈川県）

　建設省京浜工事事務所は、多摩川の河川事業に関する流域住民の要請に対する相談窓口を開設した。相談、苦情、提言などを電話、ファクシミリ、インターネット等で受け付け、流域自治体との連携のもと、迅速な対応を図ることとしている。相談対象範囲は、多摩川、浅川等事務所の直轄区間に関するもので、集まった情報は多摩川の〈いい川〉づくりなどの河川行政施策に反映させるとしている。

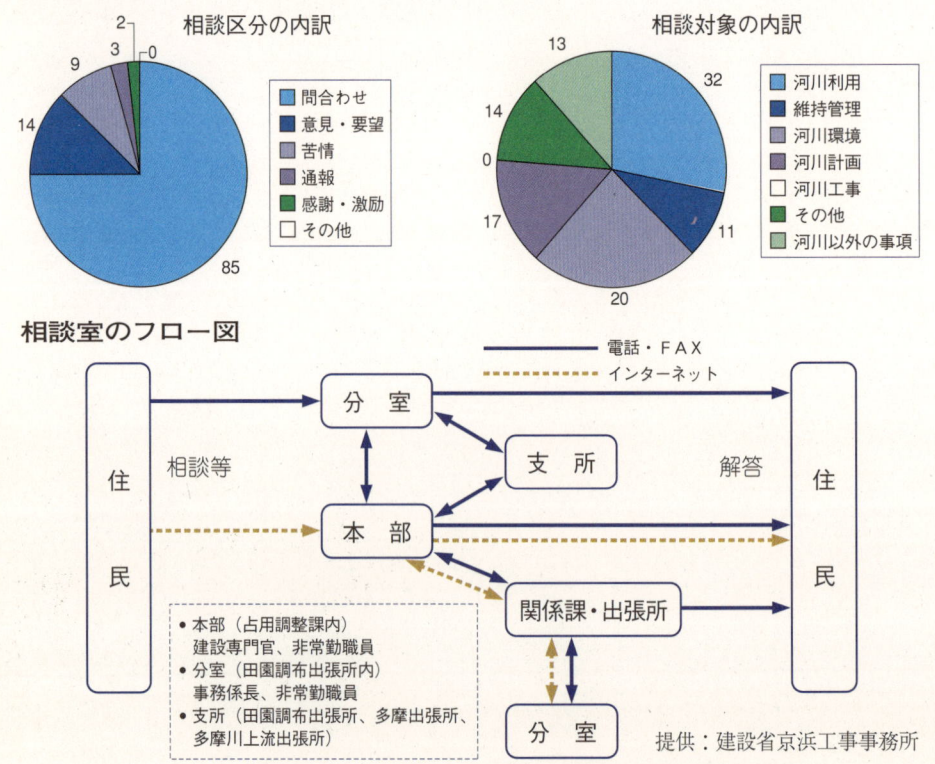

住民から寄せられた河川相談情報は、体系的に分析され、組織・横断的な共有化が図られている

12　概要編

（2）川との多様なかかわりの拡大

　市民が川と多様なかかわりを持つことができるようにすることは、多彩なパートナーシップを形成していく上で重要です。日常的に市民が川に親しみ、市民の川への関心を高めるために、水質の改善、水辺のアクセスの確保、水辺の自然環境の保全、歴史的施設や伝統的行事の復活など、水辺の魅力を高め、市民が川を知り、川に学ぶことができる機会や場を積極的に増やす必要があります。

生き物・ゴミ調査でゴミの調査を行う参加者

> 📗 **梅田川を使った環境学習**（七北田川水系：梅田川、仙台市）
>
> 　近年、流域の都市化による流量の減少や、護岸工事によって近づきがたい川になり、住民の生活から遠い存在となってしまった梅田川を、再び市民生活の中に息づく河川とするため、沿岸の市民団体や市職員などが呼びかけ、市民と行政が互いに協力して活動する「リフレッシュ梅田川実行委員会」「『いぐすっぺ梅田川』実行委員会」が組織された。梅田川の水質調査、「仙台天水桶」（流量回復のための取り組み）の普及、「梅田川お宝マップ募集」の実施、「いきもの・ゴミ調査」の実施、「仙台天水桶つくり方マニュアル」（改訂版'99年発行）、「梅田川お宝マップ作品集」（平成9年度～、11年度は現在作成中）、情報誌（事務局発行、年数回）を発行して多くの市民に梅田川への様々な取り組みを紹介し、参加を呼びかけている。

提供：仙台市環境局

生き物・ゴミ調査で魚を捕る参加者

（3）日常的な話し合い、意見交換の機会

　市民と行政等は、様々な機会を通じて互いにコミュニケーションを積極的に図ることが重要です。日ごろから市民相互、市民と行政との間で交流や話し合いの機会をもつことは、互いの意思疎通を図り信頼関係を築くことに役立ち、結果として計画づくりへの市民参加もスムーズになります。さらに、継続的な話し合いや情報交換の機会・場を設け、お互いが持つ課題やビジョンについて十分に議論し、共有していくことが重要です。また、市民と行政とが、シンポジウム、フォーラム、啓発イベント、情報誌を共同でつくったり、川や地域づくりの懇談会を開催することが考えられます。さらに、こうしたパートナーシップによる取り組みを企画し、推進するための交流拠点をつくり、共同で運営し活用することが望まれます。

> 📗 **鶴見川流域サロン**（鶴見川水系：鶴見川、東京都・神奈川県）
>
> 　鶴見川流域で活動する市民団体の連携組織である鶴見川流域ネットワーキング（TRネット、流域53団体）では、メンバーの日常的な交流の場として2ヶ月に1回程度、定例の流域サロンを開いている。サロンでは河川管理者、専門家等をゲストに招き、勉強会と自由な意見交換、交流を行っている。また、サロンを通じて行政は、市民ニーズや情報を現場の河川管理に活かすことができ、TRネットは、市民情報、要望等を非公式に伝えることができ、双方の意思疎通を図る手だての一つとなっている。

鶴見川の水質について行政の専門家を招いての勉強会

提供：鶴見川流域ネットワーキング

(4) 合意形成の場や機会と運営のルールづくり

　川に関する様々なテーマについて、誰もが参加できオープンに議論できる場を設け、ここで議論を十分尽くし、合意形成を図りながら河川管理を行っていくことが望まれます。そのためには、運営のあり方や議論のしかた・場などについてルールをつくることが必要です。例えば、流域単位で川にかかわる市民、自治体、河川管理者が自由に意見を出し合い、共通のテーマを探し、議論や活動を通じて合意をつくっていく場を市民と行政で運営することが考えられます。

　一方、市民は様々な考えを持っており、市民同士の交流などを通じて緩やかなネットワークをつくり、市民相互の合意を形成する努力を忘れてはなりません。

　計画策定における市民間の意見調整や市民と行政間の調整を行うために、審議や意思決定を行う第三者的な機関や調整のしくみも検討する価値があります。

　また、各河川での取り組みを情報交換し、全国や広域レベルでの合意形成や制度的検討、政策提案などを行うことのできる方策についても今後議論する必要があります。

□ 多摩川流域懇談会（多摩川水系：多摩川、東京都・山梨県・神奈川県）

　流域市民、行政、企業等による日常的な交流の場として、平成10年に設立された。事業としては、「多摩川流域セミナー」等を開催し、〈いい川〉〈いいまち〉の実現に向け、緩やかな合意形成をはかるため、継続的な情報や意見の交換を行っている。市民と行政の代表による運営委員会でその活動と運営を行っており、事務局は、建設省京浜工事事務所とNPO法人多摩川センターとの共同となっている。現在、「多摩川河川整備計画」づくりを最大のテーマとして取り組んでいる。

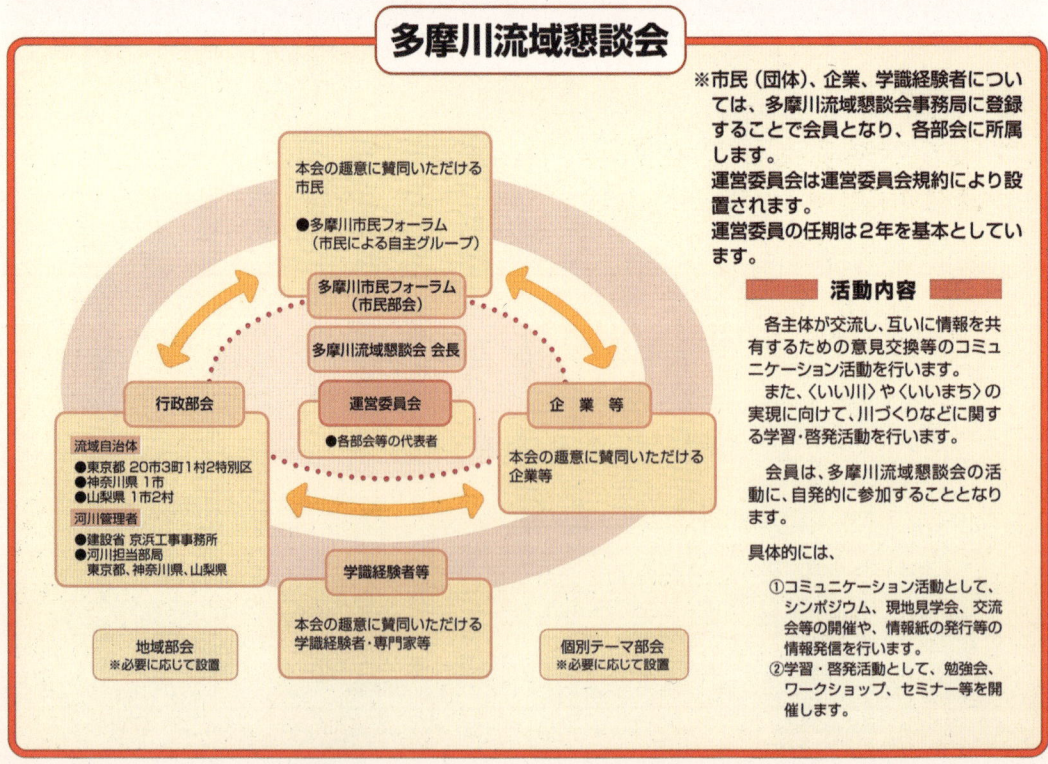

出典：多摩川流域懇談会、パンフレット「これからの多摩川をみんなで育むための新たな仕組み」

(5) 計画策定への市民参加と公開

　河川の計画策定は、一般的に、地域の意向・要望の把握、情報の整理・提供・共有、(代替案を含む)計画案提示、意見調整という一連の合意形成プロセス、意思決定の手順で進められます。

　河川整備計画の策定については、新河川法で示された考え方に基づき、市民参加や計画・事業へのフィードバックのしかた等、具体的なしくみが地域ごとに議論されているところですが、これ以外の河川管理にかかわる計画についても、市民の意見や要望を聞き内容に反映させることが必要であり、市民が主体を形成し、計画づくりの段階から合意形成プロセスに積極的に参加できるような様々な工夫を行うことが必要です。

　さらに重要なことは、先に示した計画策定の各段階でそのつど議論の経過と結果を公表し、市民の意見がどのように反映されたのか明らかにすることです。また、意思決定されたことが、話し合いや学習の場、市民による河川管理の現場へフィードバックされ、検証できるしくみが、用意されることも必要であると考えます。

　なお、合意形成の手続きや制度については、まだ十分に確立されていないこともあり、各地で実践例を積み上げながら、今後も継続して検討していくことが必要です。また、意思決定のしくみについても、それぞれが担うべき役割と責任を考慮しつつ議論していく必要があります。

□ 多摩川市民アクション（多摩川水系：多摩川、東京都・山梨県・神奈川県）

「多摩川河川整備計画」策定にあたり、多摩川流域懇談会の市民部会である「多摩川市民フォーラム」が主催し、各地の活動団体、市民により、地区計画づくりのための活動を行っている。
　平成12年3月まで8地区でフィールドワークを中心に実施し、市民案としての調整を行い、多摩川流域セミナー等で提言の予定である。

東京都調布市：多自然型川づくりについて考える
（平成11年12月5日）

東京都羽村市：カワラノギク保護区の観察
（平成11年11月14日）

出典：NPO法人多摩川センター

東京都府中市：大丸用水堰付近の観察
（平成12年1月5日）

（6）市民が河川管理の一部を担うしくみ

　川の環境学習やイベント、観察会などの市民による日常的な川へのかかわりは、従来の河川管理の対象・内容の範囲を越えて多方面に広がっています。河川管理者は、365日の川づくりを進めていく上で、こうした市民の川にかかわる活動をきちんと把握し、市民のニーズにこたえていくことが求められます。そこで、このような市民の活動を河川管理の中に位置づけ、河川管理者と市民が協力・連携して、地域の課題やテーマを探り、現場に適した河川管理を協働ですすめていくことが必要と考えます。

　また、水辺の環境調査や環境保全・管理等については、市民の要望を踏まえ、市民の担うべき役割や責任について勘案しつつ、市民が河川管理に参加、あるいは積極的にその一部を担っていくような配慮や工夫が必要です。こうした実践を積み重ねることで、市民、行政のそれぞれの役割分担を図っていくことになります。

> ◻︎ **霞ヶ浦アサザプロジェクト**（利根川水系：霞ヶ浦、茨城県）
>
> 　霞ヶ浦アサザプロジェクトは、治水利水を目的とした護岸工事と淡水化、及び開発や汚水の流入によって自然環境が損なわれた霞ヶ浦において、流域を視野においた環境保全策を実施するために、研究者の助言をうけ「生物多様性の確保」、「湖の自浄力の再生」、「流域管理の確立」、「行政政策の統合化」などを掲げ、アサザをはじめとして霞ヶ浦の動植物の生育、再生、流域の森林の管理作業、この際の間伐材を利用した粗朶沈床の設置など、流域の様々な社会活動（産業、教育など）とのネットワークによって活動を展開している。
> 　学校、漁協、森林組合、生協、河川管理者、自治体との協力体制がとられ、多くの市民の参加による現地セミナー、公開講座などが行われている。
> 　本プロジェクトには、「アサザの里親」として流域内の小学校の9割を越える121校、36,500人（1999年現在）が参加しており、霞ヶ浦をフィールドとした環境教育に大いに寄与している。（86ページ参照）

小学生によるアサザの植え付け
（左側は粗朶沈床）

市民と行政の協働による山郷トンボ公園
（潮来町）

休耕田を利用したビオトープのオニバス

提供：霞ヶ浦・北浦をよくする市民連絡会議

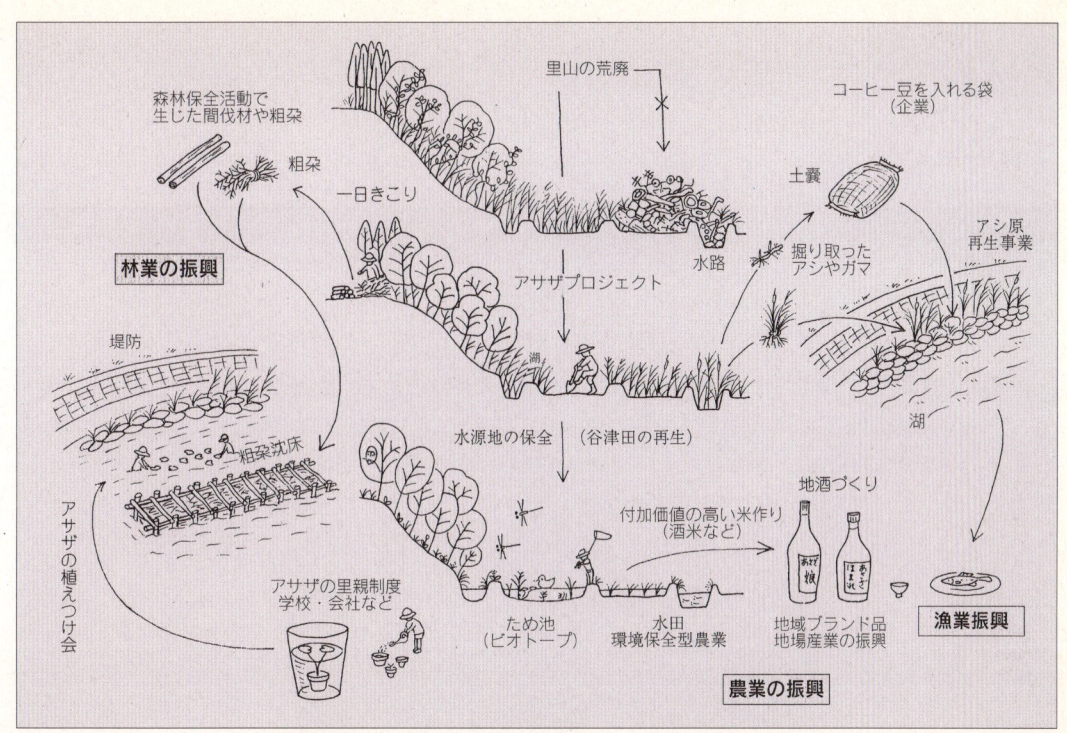

地域振興と一体化した環境保全活動 — アサザプロジェクト

提供：霞ヶ浦・北浦をよくする市民連絡会議

3-2 各主体の役割と取り組み

　パートナーシップによる河川管理をすすめるにあたっては、各主体が各々の役割を担い協力・連携した取り組みが求められます。ここでは、河川管理を担う主体として、河川管理者、市民、地方自治体、企業を取りあげ、各主体に求められる重要な役割について提案を行います。

【河川管理者】
（1）パートナーへの理解

　河川管理者は、市民のニーズや意見を理解し認識するため、機会あるごとに市民の声に耳を傾け対話する姿勢が大切です。そのため、住民説明会、懇談会、アンケートなど従来の市民意向把握の方法をさらに工夫するとともに、日常的に市民と交流する機会をつくるよう努力することが求められます。

　また、河川管理者は市民団体等が出す会報誌を購読したり、日常的なフィールドワークや勉強会などにも自ら参加し、市民との共同作業や話し合いを通じて市民感覚を理解するよう努めることも必要です。

□ 河川管理者と市民との交流機会の例
- 市民の会報誌等の購読
- 事業などにおける説明会
- 計画検討におけるアンケート調査、ヒアリング
- 懇談会・シンポジウム・フォーラム
- 委員会
- 市民の勉強会などへの出前講座、職員派遣
- 市民へのアイデア募集　　等

（2）情報公開

　河川管理者には、川に関する情報を広く誰もがわかりやすく公開することが求められています。そのため、担当窓口や情報コーナーの設置を行ったり、情報入手の手続きを簡素化したり、さらにインターネットによる情報提供等の手段を用いるなど、地域ごとに工夫することが必要です。また、市民の協力によって日常的な川に関する情報を収集することも重要です。

□ ホームページについて

　平成12年3月現在、建設省、北海道開発局、沖縄開発庁の河川関係の106事務所のうち、インターネットにホームページを開設しているのは約90％にあたる93事務所であり、これまでにくらべ市民に身近な存在となり、情報が得やすくなった。しかし行政からの一方通行が多く、今後、市民の声を聞き、これに答える双方向の情報公開が望まれる。

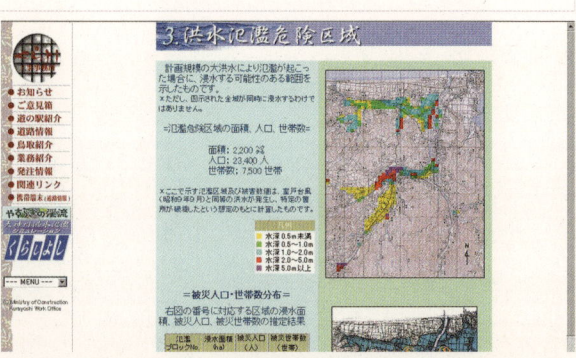

出典：建設省倉吉工事事務所ホームページ
http://www.kurayoshi-moc.go.jp/

（3）河川管理への市民参加の支援

　市民の要望を踏まえながら、市民が日常の活動を通じて河川管理に積極的にかかわってもらうしくみを工夫します。そのために河川管理者は、人材、情報、ノウハウ、資金などを活用し、こうした市民の取り組みを支援するとともに、広く市民・企業・自治体にPRし、河川管理における市民参加を呼びかけましょう。このとき、市民の自発的な取り組みを尊重し、市民活動のスタイルや活動時間帯などについて極力市民ニーズに合わせる工夫が必要です。

　パートナーシップによる取り組みにおいては、市民間の意見・活動の調整や市民と行政間の調整を行うコーディネーターの存在と役割が重要です。関係する自治体と連携・協力してこのコーディネーターを育て支援するようにしましょう。

■ 二ヶ領せせらぎ館の市民運営（多摩川水系：多摩川、東京都、山梨県、神奈川県）

多摩川の水と緑を生かしたまちづくりをめざし、市民と市が協働で「多摩川エコミュージアム構想」に取り組んでいる。「多摩川エコミュージアム構想」とは、市民生活にかかわりの深い多摩川をまちづくりに活かし、現地保存型の野外博物館として、楽しく学びながら保全、将来へ継承することを目的としている。
　二ヶ領宿河原堰の改築（平成11年3月竣工）に伴い、管理所にインフォメーションセンター「二ヶ領せせらぎ館」が開館した。
　この施設は「多摩川エコミュージアム構想」の運営拠点として、多摩川に関する情報発信、イベントの紹介、歴史や自然の紹介などが行われ、市民団体を中心とする運営委員会が川崎市の委託により管理、運営を行っている。（102ページ参照）

二ヶ領宿河原堰管理所に開設された「二ヶ領せせらぎ館」

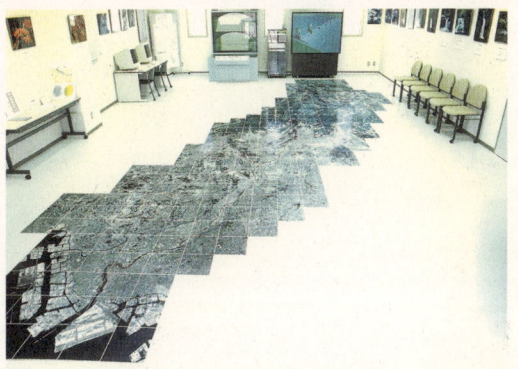

「二ヶ領せせらぎ館」の内部

提供：建設省京浜工事事務所

（4）関係行政機関、流域自治体等との連携

　水にかかわる関係機関（関係行政機関、自治体、水利権者等）は多岐にわたっています。また、市民の川へのかかわりは川の空間にとどまらず、水を媒介として市民生活全般にわたっています。したがって、市民とのパートナーシップによる河川管理を推進するために、関係機関は、市民の協力を得ながら、各々の施策を調整・連携して取り組むことが必要です。

　また、河川管理者は、流域自治体との情報交換を密にし、データベースの共有化や共同事業など連携して柔軟に取り組むことができるよう体制づくりをすすめる必要があります。

旭川流域ネットワーク（旭川水系：旭川、岡山県）

　平成9年「旭川源流の碑」を河口から源流までリヤカーで運び建立したことから発足した流域情報ネットワークである。自然を守る会、野鳥の会、小学校、商工会等多様な民間組織（平成12年2月現在73団体）で構成されている。すべての源流を大切に、旭川にもっと関心を持とうと毎年源流の碑を運び、建立前日に旭川流域交流シンポジウムを開催している。流域の様々な情報を「AR－NETNEWS」（ほぼ毎週発行）にまとめ加入団体等へFAX・E-mailで配信している他、メンバーで構成する旭川博士が子どもたちのふるさと・川学習の支援をし、子どもたちの上下流交流（体験交流合宿）も行っている。平成11年には、流域行政ネットワークである旭川流域連絡協議会と共同で「'99旭川清流ワークショップ」を開催。事務局は建設省岡山河川工事事務所に置き、運営は市民がボランティアで行っている。（92ページ参照）

毎年、河口から源流まで旭川源流の碑をリヤカーでリレーしながら運び、建立している。

旭川源流の碑建立前日に開催される流域シンポジウム。'99年度は交流学習に参加した子どもたちが副知事、岡山市長と流域の子どもたちの交流と体験交流学習について話し合った。

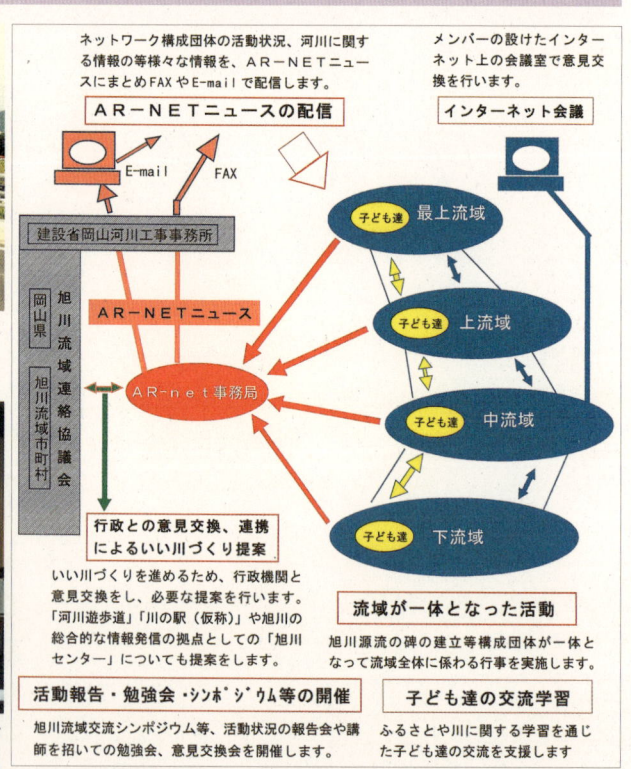

旭川流域ネットワークと旭川流域連絡協議会の関係図

提供：旭川流域ネットワーク

【市　民】
（1）パートナーへの理解

　市民が行政と協力して河川管理にかかわるためには、まず、行政の行う事業や計画を十分把握・理解することが求められます。そのため、河川管理者等を招いて川の学習会を行ったり、河川管理者とともに川の観察会等を行い情報や意見交換を行うことが考えられます。また、行政や企業の立場や役割を理解するとともに、自らの役割と責任を自覚し、それぞれのメリットを生かしたパートナーシップによる取り組みを提案し、実践しましょう。

❑ 肱川の環境整備事業を市民が表彰（肱川水系：肱川、愛媛県）

　建設省大洲工事事務所が愛媛県大洲市の肱川左岸堤防（大洲城跡から臥龍淵までの延長800m区間）で平成5年度から7年度までに実施した「桝形・志保町環境整備事業」（特殊堤の護岸整備）が、地元の青年会議所などでつくる市民団体「大洲まちづくりネットワーク」から表彰され、事務所はその記念として大洲市出身の切り絵作家・村上保氏の作品の贈呈を受けた。
　大洲まちづくりネットワークは、「民間と行政が一体となって取り組むまちづくり」を理念に様々な活動を展開しており、今回の表彰は、事業計画立案の段階から広く民間の声を取り入れたこと、同ネットワークの提唱するまちづくりのパイロット的な事業となったこと、水郷大洲にふさわしい整備が行われたことに対するものである。

改めて交流を誓い合った表彰式

提供：建設省大洲工事事務所

（2）市民による情報発信

　市民は、日常の市民活動を通じて、行政や企業では得難い川や地域にかかわる歴史文化や自然環境の変化、水辺の利用状況、市民活動情報など様々な情報を収集し蓄積しています。こうした市民情報を市民同士や行政・企業に対して、積極的に発信し情報交換することは、パートナーシップによる取り組みを推進する上で重要です。
　こうした市民情報は市民団体が発行する会報誌や調査記録、インターネットホームページ、学習会・フォーラム等での発表など、地域レベルから全国レベルまで交流が行われています。

❑ 市民による情報の受発信の多様なツール

　多くの市民団体が会報誌を発行し市民活動情報や自然環境、歴史・文化、イベントなどの情報を掲載している。例えば、よこはまかわを考える会は全国の川のイベント・催事等の情報を毎月の会報誌に掲載している。また、川のフォーラム（ニフティサーブ）ではインターネットを活用し、テーマ毎に会議室を設けて、全国の会員と川にかかわる様々な意見や、情報の交換を行っている。さらに、水郷水都全国大会や全国水環境交流会、自然環境復元研究会などでは、市民や専門家、行政も参加する全国規模でのシンポジウムも開催している。

（3）市民活動の自立と連携

　自発的な市民の継続的な活動は、やがて市民相互に情報を交換し協力し合う関係となり、市民のネットワークをつくっていくことにつながります。このように市民のネットワークを広げることは、市民が自らの立場を自覚し役割や責任を認識することに役立つとともに、市民相互の協力関係を広げ、合意形成を促し社会的な役割を担っていくことにも貢献します。そのことが、行政等とのパートナーシップによる取り組みをより充実したものにするはずです。

　こうしたネットワークの形成は、市民活動そのものも活性化させ、市民間の意見や活動を調整する能力を養い、市民の中に自ずとコーディネーターが育ってくることになります。

通船川ネットワーク（信濃川水系：通船川、新潟県）

　通船川の現況調査や清掃などの活動を続けてきた住民団体間で、平成6年「通船川ネットワーク」が発足し、学校や商店・企業等とも連携して、クリーンアップやシンポジウム、イベント等活発な活動を展開している。また、住民参加による河川改修事業計画の市民プランを検討する「通船川・栗の木川下流再生市民会議」に主要団体が参加しており、この市民会議と連携し具体的な市民アクションを行いながら、流域市民へアピールしている。また、市民会議が主催する河口付近のポンプ場・閘門周辺の環境整備プランづくりのワークショップにおいてメンバーがコーディネーターとなり運営に参画している。（81ページ参照）

河口ワークショップ：計画現地ウォッチング

流域の産品(木材、リューリップ)を用いた通船川をアピールするイベント「花筏」

閘門周辺の環境デザインについて意見を出し合う。

提供・通船川ネットワーク

（4）市民活動の継続と発展

市民は、自ら川について学習し、自立した活動資金をもち、市民活動のノウハウを身につけることによって、活動を継続し発展させていくことが望まれます。

また、その取り組みを通じて市民活動の領域を拡大、充実していくことで、河川管理の新たな役割を生み出していくことが期待されます。

◻ NPO法人　水環境北海道

前身である全国水環境交流会in北海道は、水環境の改善に向けたこれまでの活動の継続性を担保するために、平成10年に「特定非営利活動法人」を取得した。事務局として専従スタッフを持ち、北海道で川にかかわる市民活動の拠点となっている。北海道の水環境改善に向けた活動の継続性を担保するため、リーダー育成や市民参加の拡大を目的として、平成9年より宿泊型の河川講座「千歳川・かわ塾」を開催している。河川管理者とは、企画段階からの話し合いや河川清掃等を通して密接なコミュニケーションが図られ、自衛隊や教育委員会、他の市民団体等の参加を得て、市民と行政の相互の理解を促進している。

第3回「千歳川・かわ塾」での石鹸づくり

カヌー・カヤック教室

提供：NPO法人水環境北海道

【地方自治体】

（1）河川管理のパートナーとしての参加・支援

市町村は、地域づくり・まちづくりの主体であり、また、市民にとっては最も身近な行政機関であることから、水にかかわる情報収集・発信等の拠点となることが期待されます。

パートナーシップによる河川管理は、地域づくり・まちづくりとの関わりが深く、市町村はこの責任を持つ行政機関として積極的に参加するとともに、それらの活動を支援することが期待されます。

◻ 行政と市民・事業者のパートナーシップ（利根川水系：江戸川、東京都・千葉県・埼玉県・茨城県）

「江戸川を守る会」は、昭和39年に市民の呼びかけに応じ、千葉県内6市町をもって結成された。その後、市民、企業、会員の増加とともに、流域区市町も1都3県15市区町が参加している。この会の特徴は、各市区町ごとに行政が支部事務局（本部市川市）を務めていることである。年1回の支部長会議により、活動事業計画の立案、予算・決算等の決定を行っている。平成11年度における会員は、企業会員110件、個人会員217人となっていて、平成11年度現在、本部事務局長は、市川市環境部長が務めている。

主な活動としては、流域住民と関係自治体との連携をもとに河川敷クリーンアップなど河川美化活動や河川愛護の啓発活動、流域12地点における年2回（8月・2月）の定期的な水質調査、河川美化推進員（各支部2名、計24名）による河川の巡回・監視であり、この活動方針にもとづき、市民・事業者・行政が一体となって本部、また各支部において事業を展開している。

（２）自治体間の連携、広域的組織づくり

　流域や水循環の視点から、川にかかわる自治体が相互に情報交換し連携した取り組みを展開することが期待されます。すでにいくつかの川ではそれぞれのテーマを掲げ流域協議会単位の交流会が設置され、流域レベルでの取り組みが行われています。

　また、都道府県の役割として、関係自治体や河川管理者に呼びかけ、川・流域を単位とした施策を一体的に調整する広域的、総合的な組織づくりを進めているところもあります。

> ◻ 北上川流域市町村連携協議会（北上川水系：北上川、岩手県・宮城県）
>
> 　岩手県と宮城県の関係市町村(6市24町2村)の連携で北上川の施策調整や民間連携事業を支援していこうと、平成9年4月、「北上川流域市町村連携協議会」が結成された。この会は、河川の一斉清掃や北上川の健康診断(環境調査事業)や、同発表会・北上川を描く巡回展示会・Ｅボート駅伝及び北上川流域連携をテーマとした北上川流域コミネット整備事業などを地域戦略プランで積極的に推進している。
>
>
>
> 　このほか、河川流域市町村による「連携交流会」「協議会」「懇談会」等、自治体間のネットワーク化を図る活動としては、四万十川、矢作川、相模川、多摩川、石狩川等があげられる。

【企　　　業】

（１）企業力を活かした川での社会貢献活動

　市民と行政は、企業が社会貢献活動の一環として、川や地域づくりへ参加することを望んでいます。企業は、その人材、情報、ノウハウ、資金など企業ならではの特徴を活かして、市民と行政が取り組む河川管理に参画することが期待されています。そのためにはまず、企業が川にかかわる市民活動の存在を把握できるように、市民や行政はそれぞれの持つ情報をきちんと伝えることが必要です。また、市民や行政は企業との交流や話し合いの機会をつくり、企業や社員の協力を働きかけることが求められます。

> ◻ 財団等による活動助成
>
> 　とうきゅう環境浄化財団、トヨタ財団、日本財団、富士グリーンファンドなどの財団では、市民に対して活動、調査、研究等の資金助成を行っている。これら助成活動は市民団体の自立性を高め、活動の継続性につながっている。また、活動発表等を通じて、助成された市民団体相互の交流を促すことにもつながっている。

3-3　市民と行政の協働

　各河川の現状や課題を踏まえて、市民と行政とがまずできることから一緒に取り組むことが重要です。そして、ひとつひとつ成果を積み上げ、パートナーシップによる河川管理を段階的に実現することが望まれます。

　また、パートナーシップによる事業の進め方や市民参加の手法については、それぞれの役割や責任の分担を含めて、まだ十分に確立されているわけではなく、今後それぞれの地域で試行しながら現場で検証し、実情にあった手法を開発していく努力が必要です。

（1）協働して取り組む活動、事業

　市民と行政は、一緒に取り組むことができる事業や活動を、できることから段階的に行いましょう。特に、既存の事業の中で市民が参加できる機会を積極的に工夫し活用しましょう。市民と行政は共同の活動や事業を通じて、情報のやりとりや協働作業の進め方、それぞれの役割と責任を互いに知り、信頼関係を築くことが期待されます。

　河川管理者は市民の要望を受けて、情報収集と発信活動、普及啓発、意見交換の場の運営、環境の維持管理、環境モニタリングなど、河川管理の一部を市民が行えるような協働事業などに積極的に取り組む必要があります。

> **「緑川の日」**（緑川水系：緑川、熊本県）
>
> 毎年4月29日の「緑の日」に流域一斉清掃を中心とした活動が行われている。運営は官民による実行委員会方式で、関係資材の提供や、回収したゴミの受け入れは行政が行っている。平成11年度は流域連携フォーラム、Eボート大会などをあわせて行った。また、市民独自で廃棄処分されたプロパンガスメーターの回収事業を行い、ラオス等に学校を建設する資金として積み立てる活動や、漁民による森づくり活動などが行われている。

'99年緑川流域Eボート大会
提供：建設省熊本工事事務所

（2）市民参加、活動支援の手法開発・活用

　具体的な計画づくりでは、市民提案の募集やワークショップなどを行い、できるだけ多くの市民が参加できるような内容やプログラムを工夫し、整備後も継続して市民が河川管理にかかわることができるようにする必要があります。これらの計画づくりにとって、市民間、市民と行政とのコーディネーターの存在が重要になります。そこで、川にかかわる様々な活動を推進することによって、こうした人材を発掘し育成していくことが考えられます。さらに、市民・行政のコーディネート、人材育成や市民活動のサポート等、市民活動の拠点となる流域センター等の設置が望まれています。

◻ 流域センター（「川に学ぶ」研究会）

「川に学ぶ」研究会では、人々が、川での活動に気軽に主体的に参加でき、その活動を継続していくためにこれらの活動を支援していく体制が必要であり、また、行政、市民、企業、活動団体などの各主体の連携・交流を通じたネットワークづくりが有効であるとの考えから、流域での中核的な支援拠点として「流域センター」が提案されている。

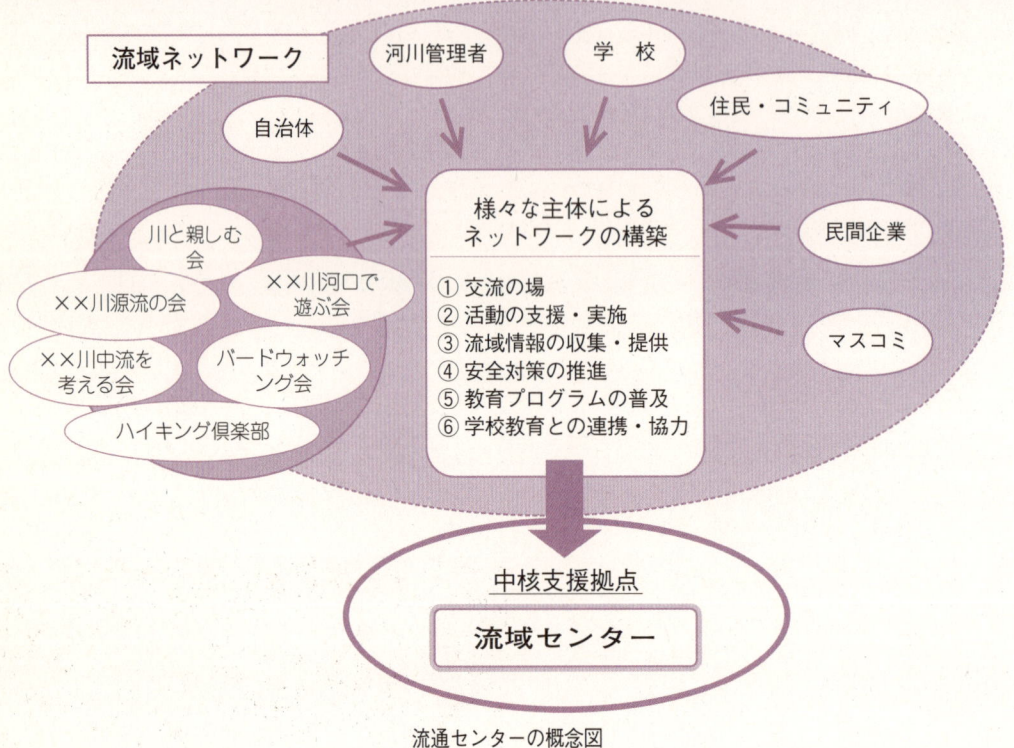

流通センターの概念図

出典：「川に学ぶシンポジウム」in 北上川

　パートナーシップによる河川管理は、市民、自治体、河川管理者等が、その川についての情報を共有し、互いの長所、短所、立場や考え方を理解し合い、尊重することから始まります。そして、対等な立場であることをお互いが常に意識し、各々自らの意志に基づいて密接な連携・協力を行うことが求められます。そして、各地域で多種多様な協働を工夫し、実験、実践を積み重ねながら、ステップアップされていくものと考えます。

　こうした各地域での模索と経験を蓄積することを通じて、常にパートナーシップによる河川管理のあるべき姿を追求し続ける姿勢が大切です。

4 今後の課題

（1）合意形成・意志決定における手続きや制度の検討

　全国で公共事業の計画策定や実施にあたって、市民の意向を十分に反映させるような進め方の方法や合意形成のしくみが十分確立されていない現状があります。吉野川の第十堰等にみられるように、公共事業をめぐって市民と行政の意見の対立が生じています。様々な意見を持つ市民相互、市民と行政との合意形成の手続きや制度については、今後も継続して検討していくことが必要です。また、意思決定のしくみについてもあわせて議論していく必要があります。

　現在始められている河川整備計画など、計画策定における市民間の意見調整や市民と行政間の調整を行うため、審議や意思決定を行う第三者的な機関や調整のしくみも検討する価値があります。

　また、各河川での取り組みの情報を交換し、合意形成や制度的検討、政策提案などを行うことのできる全国、広域レベルのしくみづくりも必要と考えます。

（2）パートナーシップによる実践例の蓄積

　今後、パートナーシップによる河川管理をさらにすすめるため、まずパートナーシップによる河川管理の取り組みの実践例を広く収集し、現場で取り組んでいる関係者の方々に広く提供していくことが必要であり、このハンドブックを作成しました。今後は各地域で実験、実践を積み重ねるとともに、ノウハウを蓄積するためのモデル的な事業を展開していくことが求められます。

（3）各主体の役割・責任の検討

　パートナーシップによる河川管理においては、市民と行政との役割・責任のあり方についてまだ十分議論されているわけではありません。今後、市民と行政のそれぞれの役割・責任をどのように考え、分担していけばよいのかを検討していく必要があります。

アイデア編

1 多様な主体による河川管理のしくみをつくる 31
  　市民と川とのふれあいを増やす 31
  　市民が川づくりに参加するしくみをつくる 39
2 市民・河川管理者・自治体・企業がそれぞれの役割を担う ... 47
  　河川管理者が変わる 47
  　市民がパワーアップする 54
  　自治体が参画する 62
  　企業が力を発揮する 66
3 一緒に取り組む 69

ここでは概要編で出された基本的な提案を、より具体的に現場で取り組むために役立つメニューを、事例を交えて紹介します。

ここに示すメニューは、大きく、「1．多様な主体による河川管理のしくみをつくる」「2．市民・河川管理者・自治体・企業がそれぞれの役割を担う」「3．一緒に取り組む」に分かれています。個々のメニューは概要編の提案とそれぞれ対応しています。

◻ パートナーシップの河川管理のアイデア

1 多様な主体による河川管理のしくみをつくる

市民と川とのふれあいを増やす
- 1-1 川の知識・情報を共有する
- 1-2 水辺の魅力を高め市民の関心を高める
- 1-3 川に親しむ機会を増やす

市民が川づくりに参加するしくみをつくる
- 1-4 日常的な意見交換の場をつくる
- 1-5 緩やかな合意形成の場をつくる
- 1-6 市民参加の計画づくり
- 1-7 市民が川づくりの一部を担う

2 市民・河川管理者・自治体・企業がそれぞれの役割を担う

河川管理者が変わる
- 2-1 職員の意識を改革する
- 2-2 市民との対話を通じて行政へ反映させる
- 2-3 情報公開を積極的にすすめる
- 2-4 市民活動を支援する
- 2-5 行政間の協力・連携を強化する

市民がパワーアップする
- 2-6 川に学ぶ機会をつくる
- 2-7 市民情報の提供
- 2-8 市民の自立した活動を促す
- 2-9 市民のネットワークをつくる
- 2-10 川の人材を育てる

自治体が参画する
- 2-11 河川行政と協力・連携する
- 2-12 流域自治体をネットワークする

企業が力を発揮する
- 2-13 企業が参加する
- 2-14 市民活動をサポートする

3 一緒に取り組む

- 3-1 共同事業・調査を行う
- 3-2 計画から維持管理まで一貫した共同作業
- 3-3 協働で計画をつくる
- 3-4 協働を維持・発展させる

アイデア編

1 多様な主体による河川管理のしくみをつくる

1-1 川の知識・情報を共有する

情報の共有

市民と川とのふれあいを増やす

- 川の専門的、学術的知識の編さんと共有
- 学術研究の発表と紹介
- パンフレット、マップ等の作成提供
- 川のライブ情報の随時、日常的な提供
- 情報交流拠点における双方向（インタラクティブ）な情報提供
- FM放送、CATV、地元新聞などマスコミを活用した情報提供
- 子ども向け川の教室等における情報提供
- インターネットによる情報提供　　など

　川に関する知識と情報が様々なメディアで、また、様々な団体から提供されることで、市民が川に興味を持ち、川とのふれあいを増やすきっかけになります。

　また、様々な知識と情報を市民と行政がお互いに提供し合い、共有することによって、河川管理のパートナーシップの基礎を築くことにもつながります。

　市民の川に対する関心は多様ですから、これに対応して川の知識、情報の提供のしかたも、多様である必要があります。

　たとえば、川の歴史や文化、治水・利水、あるいは自然などに関する専門的、学術的知識を体系的に調査し編纂して提供したり、最先端の学術研究を紹介したりすることが考えられます。また、市民対象の情報として、川に関する全般的な知識を小冊子でわかりやすく紹介したり、利用者のための川のマップを提供することが考えられます。さらに、川のライブ情報（水質、水量、利用状況など）をインターネット等で日常的に随時提供することも求められています。

　川を舞台とした市民活動についても、情報を多くの市民に提供することで、川に対する興味や関心を喚起し、活動に参加する人を増やしていく可能性があります。そのとき川にかかわる楽しさや、川の魅力が楽しく伝わるように工夫しましょう。情報の加工や発信については市民団体、あるいは公共的な機能を担った団体が中間的な立場で行うことが考えられます。

　提供される情報を、情報交流拠点において、わかりやすい展示やマルチメディアを駆使した双方向的（インタラクティブ）に提供することも有効な方法です。また、地域のFM放送やCATV、地元新聞などマスコミを活用することによって、より広範に情報を届けることができます。

　子ども向けには、一般向けの情報と区別して、川の現場に誘い、川を体験してもらうイベント（川の環境学習教室など）などとセットにするなどの工夫があってもいいでしょう。

☐ 多摩川における様々な知識と情報の共有（多摩川水系：多摩川、東京都・山梨県・神奈川県）

多摩川では河川管理者、自治体、多摩川専門の民間公益法人、様々な市民団体により、書籍、パンフレット、地図、雑誌、ホームページ、教室、ワークショップなど多様なメディアで知識と情報が市民に提供されている。

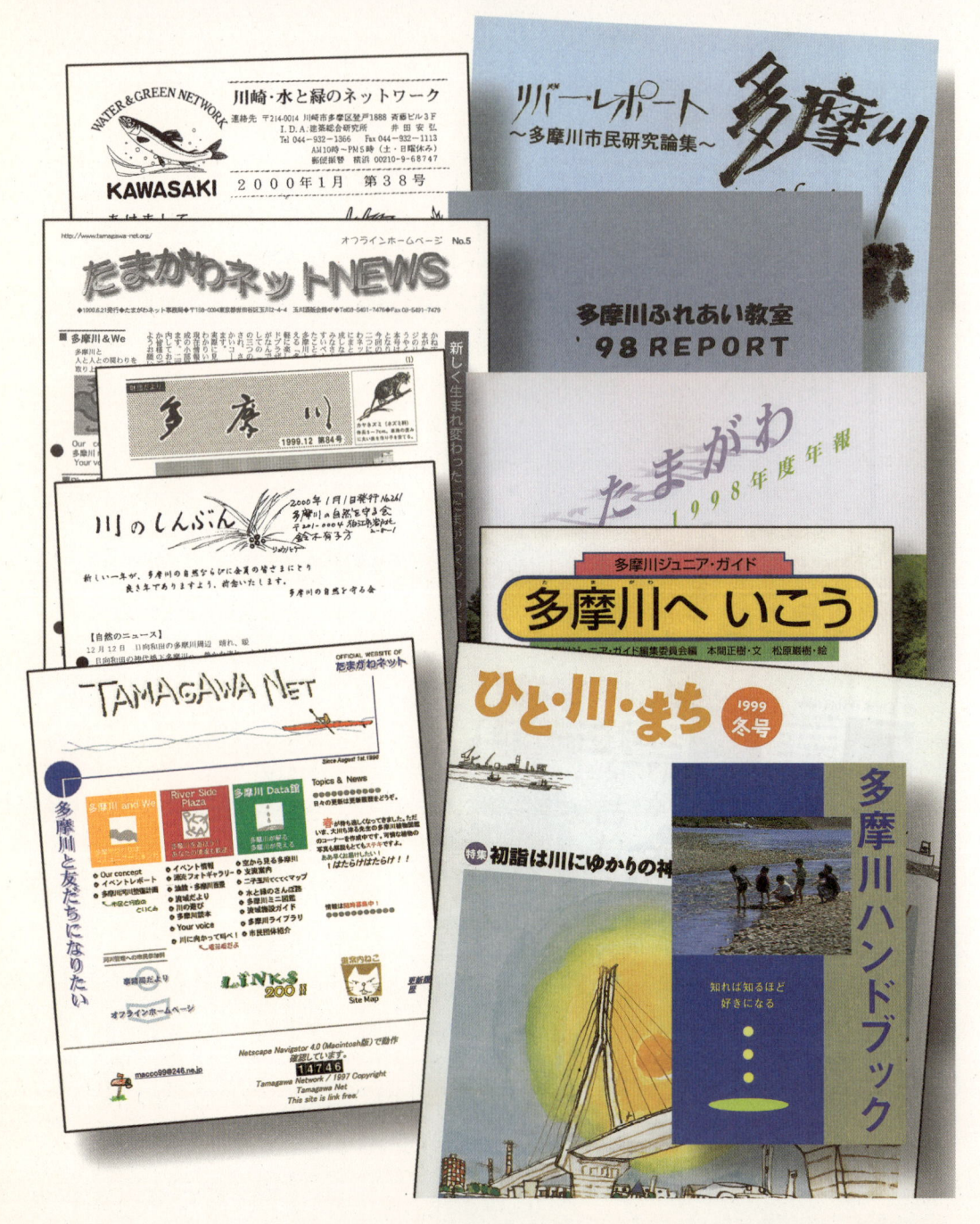

出典：(財)とうきゅう環境浄化財団、たまがわネット、建設省京浜工事事務所、NPO法人多摩川センター等で発行、公開されている資料

◻ 荒川知水資料館アモアと「ハローあらかわ生活情報マップARA」（荒川水系：荒川、埼玉県・東京都）

　荒川知水資料館（ARAKAWA MUSEUM OF AQUA＝アモア）は、建設省荒川下流工事事務所と東京都北区が設置し、2000年3月末で3年目を迎える。アモアでは、「よりよい荒川づくりを考える活動の中心点」「地域のコミュニケーションセンター」をめざし、いくつもの新しい試みを展開している。参加体験型のワークショップやアモアホール（100人収容）の開放にも積極的に取り組み、開かれた資料館として活発に活動を展開するとともに、地域との交流支援に貢献している。

　また、2000年5月号で通巻50号になる「ハローあらかわ生活情報マップARA」では、読者の声を積極的に反映させている。

出典：荒川知水資料館パンフレット

情報誌「ハローあらかわ生活情報マップARA」では、荒川流域の生活情報や意見を「あらかわメモ」によって読者から募っている。

出典：「ハローあらかわ生活情報マップARA」

1　多様な主体による河川管理のしくみをつくる

@nifty「川のフォーラム」FRIVER

　インターネットを活用して、全国の川のファンが互いに川に関する情報交換を行ったり、川について議論をする場として電子会議室「川のフォーラム」が開設されており、以下のような様々なテーマで会議室が開かれている。なお、川、水関連の行政情報も提供されている。

```
                    電子会議室一覧
    01：【何でも河原板】連絡・イベント案内・募集
    02：【出逢いの広場】「初めまして」と「教えて」
    03：【水辺の散歩道】ワイワイガヤガヤフリートーク
    04：【川で遊ぼ！】森・川・海がボクらの遊び場
    05：【私の川日記】何でもリバーウォッチング＆旅の便り
    08：【川仲間ネット】川づくりと流域活動の交流
    09：【水辺の芸術村】本や映画etc．何でも感想文
    10：【水環境の談話室】きれいな川を取り戻そう
    15：【湧き水トーク】泉・地下水・源流・温泉・名水
    12：【河童の隠れ家】ふるさとの歴史と暮らし
    13：【森へ行こう】海と山とまちの語り部たち
    16：【テーマ村】川のイエローページ作成します！
    20：☆運営についてのご意見を（限定会員用）
```

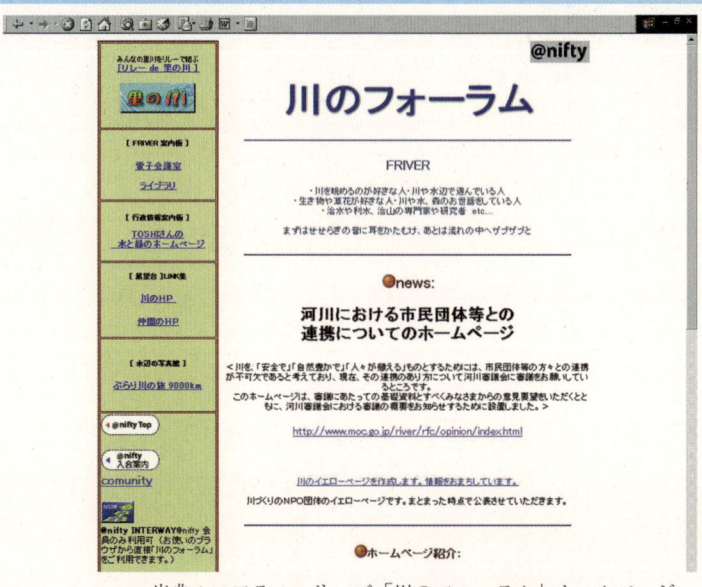

出典：ニフティーサーブ「川のフォーラム」ホームページ
URL　http://www.nifty.ne.jp/forum/friver/

1-2　水辺の魅力を高め人々の関心を高める　　川との多様なかかわりの拡大

> - 水環境の保全、改善の取り組み
> - 自然豊かな川づくり
> - 歴史や文化を大事にした景観形成
> - 水辺に近寄りやすい護岸づくり
> - 水辺のサービスの充実
> - バリアフリーの川づくり
> - 市民参加の維持管理　　など

　自然豊かな、市民が近寄りやすい水辺を創出するなど、水辺の魅力を高め、市民の興味や関心を高めたり、感動を与えることによって、市民と川との豊かなふれあいを増やすことになります。

　魅力的な水辺を取り戻したり、創り出していくためには、水質の保全や、自然豊かな川づくり、地域の歴史や文化を大事にした景観保全、水辺に近寄りやすい護岸や堤防づくりなどが考えられます。水辺の魅力づくりにおいて、河川管理者、自治体、市民団体がそれぞれ自分の持ち味を生かした取り組みを行い、お互いに協力・連携することで、より魅力的な水辺になるはずです。

　また、トイレや散歩道あるいは日陰などの水辺の利用サービスをきめこまかく充実させることが必要です。これらのサービスについては、バリアフリーの川づくりからも、できるだけ高齢者や障害者にとっても、魅力的な水辺環境になるように工夫することが大切です。

　魅力的な水辺を適切に維持管理していくためには、市民参加型維持管理の制度づくりを考えることも必要です。市民参加によって、利用者のニーズに沿った維持管理が可能となり、水辺の魅力をより一層向上させることができます。

　魅力的な水辺は、それに親しみ、多様な利用を促進しつつ、時が経つにつれ、市民と水辺の関係が濃密なものとなっていきます。そうした中で、水辺の保全や継承、あるいは新たな水辺づくりの提案や取り組みが生まれ、河川管理者、自治体、市民団体のパートナーシップによる河川管理の輪が広がっていくことになります。

◻ 一の坂川のホタルの水辺を取り戻す取り組み（椹野川水系：一の坂川、山口県）

　河川改修計画ではホタルの生育が危ぶまれたが、地域の環境に誇りを持つ地域住民の熱意に行政が応えて、ホタル護岸が採用された。市民が参加したホタルを守る運動により、ホタルの水辺が復活して、市民に親しまれている。

【ホタル護岸以前の河川愛護活動の時期(昭和45年まで)】
・大内文化を今に伝える一の坂川に表を向けた町並みに、住民は深い愛着を持っていた。
・盆踊りのヤグラを河床に組み、踊り手はそれを真ん中にして岸辺から橋、橋から岸辺へ回るなど、一の坂川は地域の庭として、生活、人々の暮らしに密着していた。
・清掃活動、カジカの放流、植樹・花いっぱい運動などの愛護活動が住民によって盛んに行われた。流域13町内で「一の坂川をきれいにする会」も発足した。
・ホタルの減少に伴い、県農業試験場が幼虫の放流を開始した。

【ホタル護岸整備とホタル定着までの時期(昭和46年から昭和57年頃まで)】
・「古き都山口を守る会」が地元町内会を中心に結成され、河川改修に反対する運動を展開し、下流から進んできた工事がストップした。昭和46年8月5日台風19号により溢水し床下浸水130戸、護岸倒壊、橋梁流失等の被害が出、同年9月後河原地区地元町内会がホタル護岸工法に同意した。
・ホタル護岸工法による河川改修とともに、県農業試験場によるホタル幼虫の放流が行なわれた。その後ホタルが定着したため、昭和57年、県農業試験場はホタル放流を終了した。
・草刈り、河岸の樹木の剪定、害虫駆除及び景観に対する配慮など、清掃美化活動が再燃し、6町内会による「一の坂川風致保存協議会」が発足した。

【ホタルによる環境教育の時期（昭和58年頃から現在まで)】
・昭和58年から、大殿小学校の児童によるホタルの飼育放流が始まり、平成3年には山口ふるさと伝承センターにゲンジボタル養殖場が完成した。「大殿ホタルを守る会」（一の坂川風致保存協議会、大殿小学校、同PTA、伝承センター等で結成）がホタルを養殖し、大殿小学校の環境教育に組み込んでいる。一方、地域の空洞化と住民の高齢化に伴い、この2～3年で草刈り等の業者委託が始まっている。

　現在、県河川課では「一の坂川ホタル護岸工法」の再評価が行われており、一の坂川のような川づくりを展開するために、「公募型(住民参加型)川づくり」を推進しようとしている。

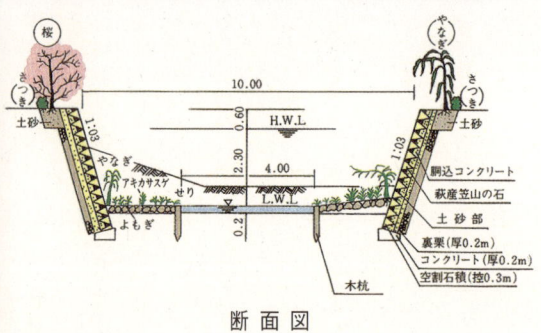

断面図

出典：山口県土木建築部河川課資料

◻ 神通川を生かした富山赤十字病院（神通川水系：神通川、富山県）

　富山市を流れる神通川では、建設省富山工事事務所と富山県、富山市、それに富山赤十字病院が連携した水辺空間の整備事業が、川の持つ"医療"機能として成果をあげ、平成10年7月の「川の日ワークショップ」の「みんなに愛される川づくり」部門で、「車いすでもアクセスできるバリアフリーで賞」を受賞した。

【経　緯】
　神通川の牛島地区では、平成8年8月、富山赤十字病院が移転新築開院した。病院側では、川の傍という立地条件を生かした病院設計を行った。一方、富山工事事務所では、同時期に、「桜づつみモデル事業」として堤防河川敷の整備を進めていた。そこで、富山工事事務所や富山市など関係機関に、富山赤十字病院と富山県社会福祉協議会が加わり、「神通川右岸水辺空間整備懇談会」を開催し、計画段階から検討を重ねてきた。利用者の立場を踏まえ病院から提出された要望は次の通りである。

○車イスが利用できる坂道をつくる。
○階段には、高齢者も利用できるよう手すりをつける。
○緑の多い空間にする。
○木陰で休める休憩所を設ける。
　等である。
【内　容】
○病院から自由に川へ連絡する歩道橋の設置
　富山赤十字病院では、この水辺空間の創出とあわせて、病棟と堤防を直接結ぶ「連絡歩道橋」を設置した。病室から車イスで、自由に神通川の堤防への往来が可能となった。建設費は、富山県、富山市、病院の三者が負担した。
　水辺の整備では、歩道橋にあわせて堤防にスロープをつくったのをはじめ、階段には手すり、河川敷公園にはベンチ、芝付け、堤防には桜の植樹、あづまやの設置などが行われ、平成9年、牛島桜づつみモデル事業は完成した。
　今後、この桜づつみには、トイレの設置や、また、車いすを使う人が独りでも安心してスロープを降りられるよう、途中、休憩できるコーナーの設置など改善を待たれる点もある。
○川の景観を生かし「人にやさしい病院」
　富山赤十字病院からは、呉羽山や立山連峰が望まれ、病室、待合室とも、窓が大きく、神通川等の景観に心をなごませることができる。病院側でも以下のような工夫を行っている。
・病院の建物は、一階は機械室等にして、堤防の高さと同じ二階以上に患者の訪れる施設を設けている。
・一方、堤防の桜づつみも、密に植栽すると病院から川が見えなくなるので、病院からの景観に配慮して、樹と樹の間隔を決めている。
・さらに、病院には絵画、書、彫刻等、150点の美術品が寄贈され随所に展示されて、空間を美しく豊かにしている。
・さらに、広い窓を補う室内の温度調整や地域冷熱源プラントによるクリーンエネルギーの利用など新しい技術、システム等が取り入れられている。
○川は災害時にも活用
　富山赤十字病院では、これまでの運営から川の効用について、以下の点をあげている。
・リハビリに役立つ。手術後はできるだけ早く歩くことがよい。
・ストレスを減らす。病室に長くいることにより、重い気分になるのを防ぐのに散策がよい。
・災害への対応、赤十字病院として大きな災害時の備えとして、河川敷を活用できる。

神通川河川敷への連絡歩道橋

スロープによる高水敷へのアクセス

出典：建設省富山工事事務所

1　多様な主体による河川管理のしくみをつくる

1-3　川に親しむ機会を増やす　　　川との多様なかかわりの拡大

> - 季節の風物詩となるイベント
> - 川を歩くイベント
> - 創作活動コンテスト
> - クリーン作戦
> - 青少年を対象にしたイベント　　など

　川のイベントやレクリエーション活動に参加することにより、多くの人が川に学んだり、川づくりに参加するきっかけなります。

　また、川に関するイベントやレクリエーション活動の多くを、市民団体と行政の共同企画、共催等で行い、その体験を共有することがパートナーシップ形成の基盤づくりに役立つと考えます。

　また市民の興味や関心は、例えば季節の風物詩となるようなイベント（花火大会、芋煮会、イカダ大会、凧上げ大会等）や、川の持つ自然や歴史、文化に身近に触れて親しめるようにすることで高まっていきます。

　また、川を自分の足で歩いて、新しい発見をもたらすような探索型のイベント、写真、絵画、俳句などの創作活動を組み込んだコンテスト、河原や河床のゴミ・危険物を掃除・撤去するクリーン作戦など、市民一人一人の個性が生かされるふれあいが望まれます。また、単発的なかかわりだけでなく、地道ながらも継続することによって川の理解が深まっていくような機会を用意することや、青少年を川に誘導するしかけを増やすことが大事です。このとき、子どもたちへの安全確保や、川の案内者として日常的に川を知っている市民等の協力がとても重要になってきます。

> ### 川の風物
> 　日本には川や水にちなんだ歳時記や風物詩は数知れない。季節ごとの行事、地域に受け継がれた独特のスタイル、そして社会や時代を反映するものなど多彩である。郷土の川や水の文化を知るため、あるいはその自然に親しむきっかけづくりとして、各地で継続させたり、復活させたりする行事が増えてきた。
> 〈伝統行事〉
> 　若水、ドンド焼き、流しびな（ひな流し）、精霊流し、雨乞い祭、水神祭、芋煮会、ヨシ焼き、水ごり、など
> 〈川の風物〉
> 　凧上げ、稚アユの放流会、飯ごう炊さん、屋形船、バーベキュー、アユ釣り、ヤナ漁、花火大会、イカダ下り、寒中水泳、布さらし、など

ドンド焼き（多摩川、世田谷区）

布さらし（五条川、愛知県岩倉市）

1-4 日常的な意見交換の場をつくる

日常的な話し合い、意見交換の機会

- サロン
- 談話室　など

　日常的な河川管理行為の中では、ささいなことでも河川管理者と川のユーザーである市民との意見調整が必要となる場合があります。このようなとき、市民・行政間や市民間、行政間での情報伝達システムや日頃の交流が行われていると、迅速な対応が可能となります。

　シンポジウムや委員会といった不定期な意見交換の機会とは別に、様々な立場の人が都合にあわせ、いつでも参加できる場を持つことで、フェイス・ツー・フェイスの関係を築くことができます。このような日常的な交流が、結果的には川づくりや管理上の課題の解決に際し、率直な意見交換につながります。

　例えば、「サロン」や「談話室」といった気軽な場を設定したりすることで、より効果的な交流ができると思われます。こうした場は、異業種交流や肩書きにとらわれない交流を進めることでユニークなアイディアや解決法が生まれたり、交流ネットワークの形成に役立つと思われます。

荒川下流しぜん懇談会（荒川水系：荒川、埼玉県・東京都）

　荒川下流域における河川整備と自然環境の調和を図ることを目的に、建設省荒川下流工事事務所が平成6年に設置した。それまで個別に行われていた市民からの要望、意見聴取を、定期的（2、3ヶ月に1回）な意見交換、情報提供の場を設定することにより、自然環境に関する専門的知識を共有し、その保全を調整し、推進することを目的としている。メンバーは、荒川下流河川環境保全モニター（平成12年現在8名）や主に荒川下流域で活動する自然保護団体（同10団体、設立当初は5団体）で、新規参加希望団体がある場合は懇談会に諮り決定する。

　懇談会では、各回ごとに自然・生物等の各種調査や保全対策、個別工事箇所、維持管理等の事業実施方針、荒川河川敷のあり方（ゴミ問題、ゴルフ場のエコアップ*等）といった内容について、事務所、市民双方により情報提供や要望、意見交換がなされている。懇談会は非公開となっているが、これまでの結果は、多自然型護岸設計や除草工事等、事業への反映が図られているほか、自然環境マップ作成のための情報提供や市民参加型の自然復元プロジェクトなどへの展開がなされている。

*エコアップとは生物の生息環境の質を現状より向上させることを意味する。

市民が川づくりへ参加するしくみをつくる

1-5　緩やかな合意形成の場をつくる　　合意形成の場や機会と運営のルールづくり

> ・官・民・産・学等による流域懇談会
> ・川や水環境にかかわる市民団体の交流　　など

　パートナーシップによる河川管理を行うにあたっては、地域の実情にあわせた合意形成の場づくりが重要です。これまでは、行政が主催する委員会や公聴会といった場と機会がありましたが、それぞれの主体の合意による自由な参加、議論の公開といった運営のルールづくりから始めることが肝要です。このような場づくりは、課題が発生した時のみならず、日常的にヒトや情報の交流を行うことで、課題への合意をスムーズにさせることに役立つと思われます。また、流域全体を対象とした行政、企業、市民（団体）、関係機関等の参加を呼びかけることが必要です。

荒川市民会議（荒川水系：荒川、東京都・埼玉県）

　「荒川将来像計画」（平成6年度）を策定するにあたり、荒川下流の河川管理者、流域自治体、住民団体、学識者により合意形成と計画策定のための協議会を設立した。この協議会は荒川下流域の沿川市区（2市7区）や流域市民、あらかわ学会、荒川市民会議等からの意見、提案を受け、荒川将来像計画に反映させるため協議する機関となっている。
　また、協議会の連携機関である「あらかわ福祉座談会」が、病院関係者、福祉団体、ボランティア団体などによる「福祉の荒川アドバイザー」の参画を得て組織されている。その助言や情報提供を受けながら、「福祉の荒川づくり」として組織づくり、施設づくりが進められている。

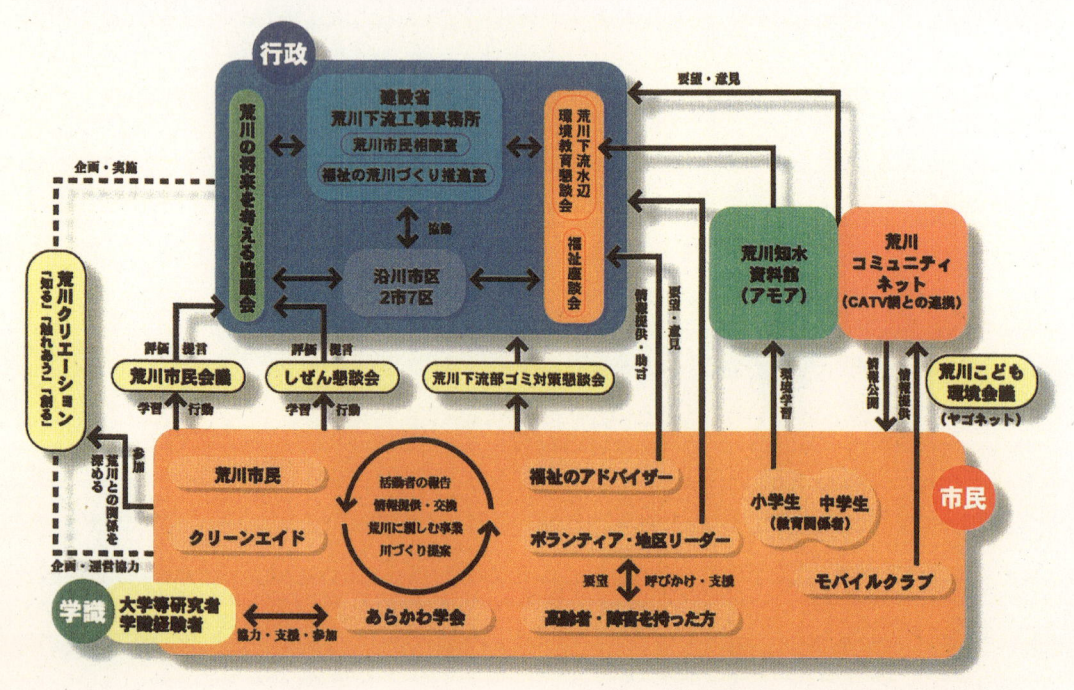

出典：「荒川羅針盤」建設省荒川下流工事事務所

□ 通船川・栗ノ木川下流再生市民会議によるプランづくり（信濃川水系：通船川・栗ノ木川、新潟県）

　かつて舟運の大動脈として栄え親しまれてきた通船川の再活用を望む声や、都市化による水質汚濁の改善要望が流域市民から高まり、現況調査や清掃などの活動を続けてきた住民団体間の連携である「通船川ネットワーク」が発足するなど、市民活動が活発に展開されてきた。

　新潟県と新潟市は、通船川の老朽化した護岸の抜本的改修の必要から平成9年に「通船川・栗ノ木川下流再生検討委員会」をつくり河川改修事業計画の検討を始めた。この検討委員会では今後の川づくりにおいて、住民の要望も取り入れる必要性が議論され、市民参加を図る方針をたてた。そこで、流域住民や市民団体に呼びかけ市民会議準備会が発足の後、平成10年には「通船川・栗ノ木川下流再生市民会議（通称、つうくり市民会議）」が設置された。

　つうくり市民会議は行政、住民、市民団体等、参加の自由なオープンな話し合いを通して市民プランを作成することをめざしており、プロセスを重視した運営が行われている。

　今までに通船川流域での住民アンケート調査を行い、課題を洗い出し、これを多様な価値観を持つ市民団体間で共有する作業を行ってきている。また、市民フォーラムやワークショップの開催、「つうくり通信」の発行などを行っている。(81ページ参照)

第2回市民会議（平成10年11月23日）
ロビーの展示物に見入る参加者

第3回市民会議（平成11年3月10日）
通船川の今昔について参加者と意見交換を行うパネラー

提供：新潟県新潟土木事務所

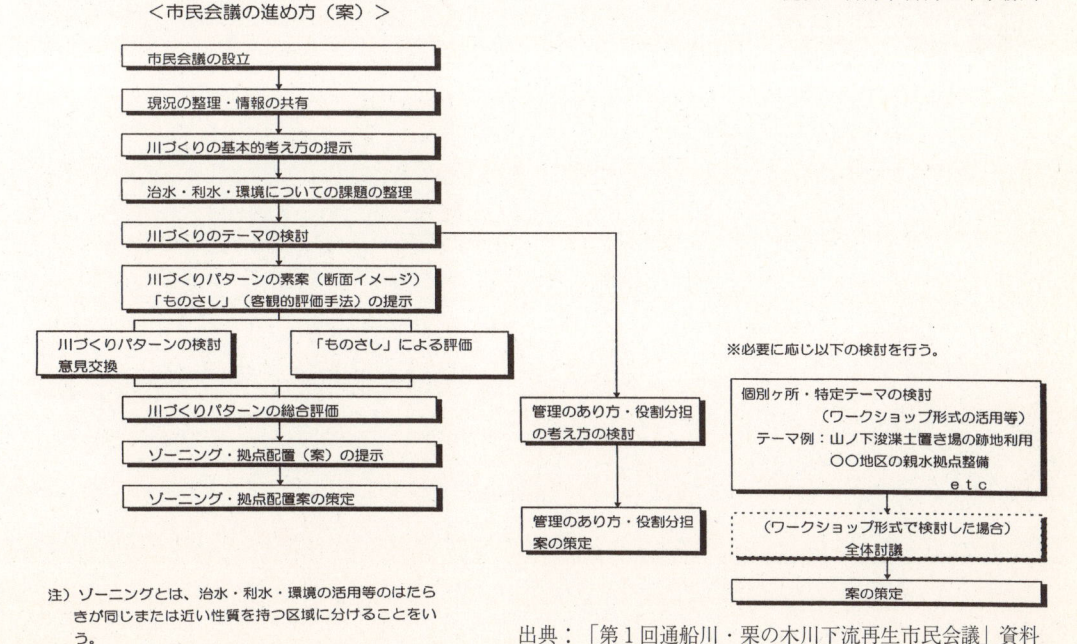

＜市民会議の進め方（案）＞

注）ゾーニングとは、治水・利水・環境の活用等のはたらきが同じまたは近い性質を持つ区域に分けることをいう。

出典：「第1回通船川・栗の木川下流再生市民会議」資料

1 多様な主体による河川管理のしくみをつくる

1-6　市民参加による計画づくり

計画策定への市民参加と公開

- 町民会議、市民会議
- 流域委員会
- 流域協議会　　など

　河川管理の根幹となるような重要課題の決定にあたっては、日常的な交流とは別に、関係市民と行政の意見を調整するため、十分な時間をかけるとともに、合意形成のための手続きを公正に行う必要があります。
　そして、合意に至らない場合も、双方が代替案を持ち寄って議論を続けていく姿勢が必要です。
　こうしたしくみの形成にあたっては、各関係主体から責任ある代表者の選出とともに、相互の信頼に基づく誠意ある対応や、議論・情報の公開等が求められます。

□「じげの川」（地元の川）づくり（鳥取県）

　「じげの川」（地元の川）づくりは、治水とともに、潤いのある水辺空間、地域の川として身近な生活の場にするために、具体的にどんな川をつくっていくかということにおいて、それを実現するための共通テーブルとして全住民参加によるサロン（集会）を開催し、行政と地域住民による二人三脚による川づくり、地域づくりを推進していこうとするものである。サロンは、平成5年6月から鳥取県の郡家土木事務所管内の8つの地域（1つの地域で6回程度）で同時に開催され、現在（平成10年10月）までに80回を数え、1,000人以上が参加している。サロンの運営においては、以下のような5つの留意点があげられている。
　（1）出席者は、全て肩書きを外して出る。
　（2）前提なしの自由な発言を保証する。
　（3）結論・まとめは、じっくり論議する。
　（4）行政と住民側でキャッチボールを基本としながら整備計画をまとめあげる。
　（5）サロンは全住民参加を基本とする。
　サロンを通じて、用地取得や整備された水辺の親水公園的要素の中で主に日常的に地域住民が利用する部分の日常的管理（ソフト面）については、住民が責任を持って行うことの合意がなされている。さらに川を基軸とした村づくり、町づくりへと議論が発展し、住民自ら汗を流すことを通じて「住民自治」意識が高まり、地域づくりに大きく貢献している。

ホタルの会と共同作業で蛍の幼虫を元旧川に放流

コンクリートを使わずに、その後の水の流れによって、約1年の経過の中で自然の川が回復しつつある。

提供：鳥取県倉吉土木事務所

◻ 「狩野川ふるさとの川整備計画」に伴う町民会議（狩野川水系：狩野川、静岡県）

　静岡県大仁町と建設省沼津工事事務所は、狩野川における「ふるさとの川整備事業」の指定を平成9年7月に受け、まちづくりと一体となった水辺空間の形成を図ることとなった。この計画策定にあたり、全町民を対象としたアンケート調査を4回、小学生（5年生）アンケート調査を1回、「町民会議」を3回開催しながら、町民主体の計画策定を行った。平成10年度には、地元住民、建設省、大仁町の代表者による「幹事会」を設けるとともに学識者、アドバイザーの助言を得ながら計画案をつくり、町民会議で審議し、狩野川ふるさとの川整備計画を策定した。

■検討機関の構成
① 町民会議
　町民会議は大仁町の皆さんで構成されます。住民アンケート結果を参考に、幹事会でチェックされた計画内容を、皆さんに報告することが主な目的です。
② 幹事会
　事務局の考えた計画案に、皆さんの意見や要望等が反映されているかどうかをチェックすることを目的としています。
③ 住民アンケート調査
　川づくりに皆さんの意見を反映させ、計画策定段階から参加して頂くために、アンケートを行います。
④ アドバイザー
　川づくりの内容を、専門的な視点から助言することが役割です。

＜検討機関の構成図＞

■検討の進め方（予定）

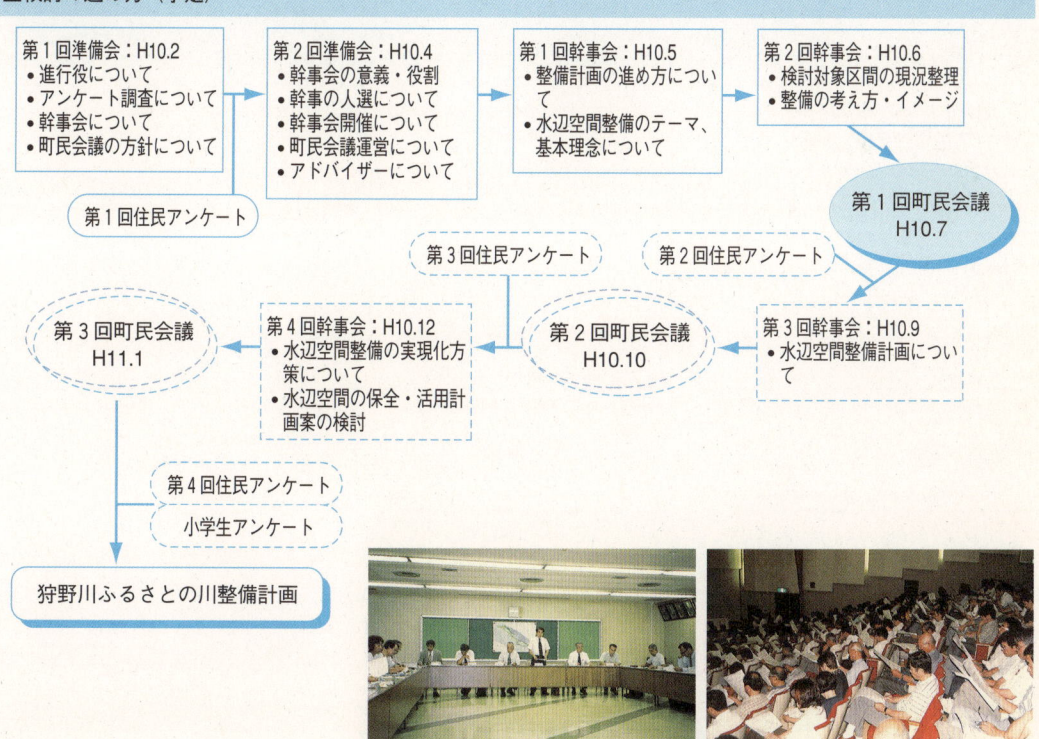

出典：「狩野川ふるさとの川整備計画」第1回町民会議配布資料より作成

1　多様な主体による河川管理のしくみをつくる　43

☐ 市民提案で保全された一庫大路次川（淀川水系：一庫大路次川、兵庫県）

　兵庫県川西市を流れる猪名川の支川、一庫大路次川の改修計画に対して、川の自然環境を大切にしていこうという関心のある市民が集まり「猪名川の景観を守る会」を発足させた。河川景観の専門家のアドバイスを受けながら、会のメンバーは県の改修プランと比較できるよう模型をつくって、市民の考える川づくりを提案している。兵庫県では、こうした市民案を踏まえて計画案を見直し、整備を進めている。

　　　　兵庫県計画案　　　　　　　　　　住　民　案　　　　　　　　竹林を残した管理道路の工事

提供：「猪名川の景観を守る会」

1-7　市民が川づくりの一部を担う　　　市民が河川管理の一部を担うしくみ

- 川の利用施設の市民委託
- 川の日常管理
- 公共的市民活動制度　　など

　平成9年の河川法改正によって「河川整備計画」に市民の意見をきくしくみがつくられ、その方策について各河川で対応が始まっています。こうした計画策定における市民参加と共に、日常の河川管理、特に河川環境の分野では、生物の生態の保全、ゴミの清掃等、市民で経験的にも情報、技術のストックがすでになされていることが多くあります。

　たとえば、市民団体の定期活動における自然観察会やクリーン作戦等です。また、市民団体の中には、学識者、自然保護・生物にかかわる民間団体の会員、コンサルタント等が会員として参加している場合も多く、諸事業に伴う「環境アセスメント調査」や「環境モニタリング」への参加、日常管理における「除草」、「清掃」、場合によっては「河川巡視」や洪水時における住民の避難・誘導等、インターネットなどによる「水防・防災活動」も市民ネットワークが役割を担うことも十分可能となってきています。今後、NPO法人への業務委託を含め、こうした活動に対して支援策を、地域の実情にあわせて工夫することが考えられます。

◻ 市民団体等への草刈・清掃委託（神奈川県）

　神奈川県では、河川の堤防や河川敷の草刈りは、従来より民間業者に委託して実施していた。昭和60年代に入って、レジャーとしての河川敷の利用や生活道路としての堤防の利用が増えたことに伴い、利用者や住民から要望もあり、草刈りの必要な区域が増大した。

　このため、神奈川県では、草刈りの実施区域の拡大とともに、沿川住民の河川に対する理解を深め、河川愛護意識の向上を図ることを目的に、昭和63年度以降、民間業者への委託とは別に、県が「河川草刈・清掃の自治会等による実施に関する要綱」を定め、一般の人々が安全に作業できる区域について、草刈り作業を自治会等（自治会、水利組合、生産組合、事業組合、市民団体及びこれに準ずる団体）に委託をしている。

　現在では、委託の内容をゴミ清掃まで広げるとともに、契約や報告等手続きの簡素化を図り、自治会等団体の代表者と県（所管事務所）が直接に契約を結び、草刈時期や市民が守りたい環境の保護など市民の手によるきめ細かな対応がなされている。このように住民が河川管理へ直接かかわることにより、さらなる河川愛護意識の向上や河川環境の改善が図られている。昭和63年の開始以来、参加団体も増えて着実に実績を積み重ね、平成10年度には、17河川で39団体（54件）が250,000m²の草刈りやゴミ清掃を実施した。

自治会による相模川堤防法面の草刈

提供：神奈川県県土整備部

◻ 長良川環境レンジャー（木曾川水系：長良川、岐阜県）

　近年、長良川では、様々なアウトドアレジャー活動の活発化に伴い、混雑による安全面の問題や車両の進入・ゴミ等による美観・環境問題が深刻になってきている。そこで、平成10年に市民と行政の協議により、川を利用する人々に対して、利用のゾーニングや、車両進入制限、ゴミの持ち帰り等の啓発活動を行う「長良川環境レンジャー」が、市民のボランティアにより設立された。河原における啓発活動を持続しながら、小学校等の環境教育に参加したり、河川管理者と連携して河川利用法について協議するなど、その活動の幅が広がってきている。

長良川での環境出前講座　　　　　河原で活動を行う環境レンジャー

提供：岐阜市

1　多様な主体による河川管理のしくみをつくる

◼ 住民参加による北沢川緑道の整備と維持管理（世田谷区）

　東京都世田谷区では、北沢川緑道の整備において、「世田谷まちづくりセンター」が仲介となり、公募により参加した地域住民と行政がオープンな話し合いを重ねた結果、地域住民の意見を十分に反映した設計案に変更された緑道整備が行われた。このプランニングのワークショップの過程で、新しい市民の自主活動グループ「北沢川せせらぎクラブ」が誕生し、町会、高齢者クラブ、小学校等も加わって、区と協定により清掃などの維持管理が継続して行われている。
　計画づくりからのきめ細やかな市民参加が、整備後の維持管理・運営への自発的市民活動へ発展し、「区と市民グループの管理協定による地元管理」の成功例として、全国からの視察者も多い。

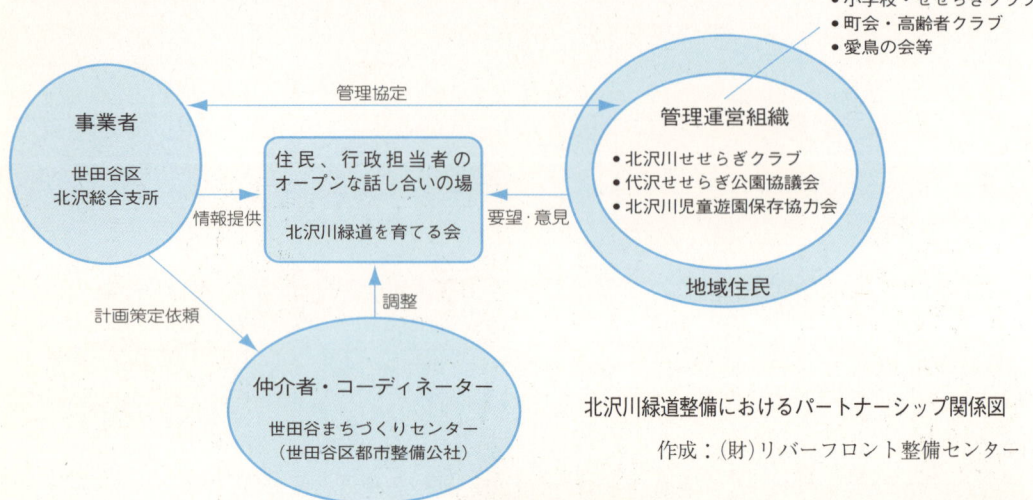

北沢川緑道整備におけるパートナーシップ関係図
作成：（財）リバーフロント整備センター

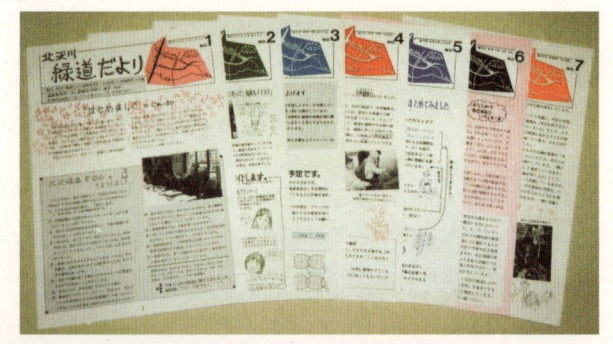

情報誌「北沢緑道だより」の発行

地域住民による清掃

地域住民による花植え等

提供：世田谷区北沢総合支所

2 市民・河川管理者・自治体・企業がそれぞれの役割を担う

河川管理者が変わる

2-1 職員の意識を改革する　　　パートナーへの理解

- 市民との様々なかたちにおけるコミュニケーション
- 職場研修や啓発活動
- 組織運営上の課題解決
- 職員の自発的勉強会に対する支援
- 個人の市民活動参加に対する支援　　など

　河川管理者が、積極的に市民団体と密なコミュニケーションを行うことが大事です。

　河川管理者が呼びかけて、市民団体とともに活動や事業を行う場合のコミュニケーションは当然ですが、そうでない場合でも、川づくりにとって大切であると考えられる市民活動や市民主催イベントには、河川管理者がオブザーバーや一般参加のかたちで積極的に参加して、共通の体験をつくることが大切です。そのようなコミュニケーション活動を職員が自発的に行っていけるような組織にするためには、職員の意識改革が必要であり、具体的には職場研修や啓発活動が必要です。

　このようなコミュニケーションを図っていく上で、河川管理者としては、市民との関係を継続し発展させるために、たとえば、関心を持った職員の配置、休日出勤の調整、コミュニケーションへの参加への配慮など、市民との対応に状況に応じて組織運営を工夫することが考えられます。

　また、市民とのコミュニケーションや、パートナーシップに関係する事柄について、職員の自発的な勉強会や研究会を積極的に推進、支援することが大切です。

市民団体等との連携を進めるにあたっての現地の行政担当者からみた問題・課題についてのアンケート調査

平成12年2月に、市民団体等との対応について、現場の行政担当者が抱えている問題や要望を把握するために、建設省の各地方建設局河川担当工事事務所及び都道府県の土木部河川課等、河川を担当している部局に対してアンケートをが行われた。

市民団体への対応の仕組み等の問題点では、市民の活動時間と行政の勤務時間とが合わないことや、対応の体制が確立されてないなどの問題が生じていることが指摘された。

市民団体等への対応の仕組み等についての問題点

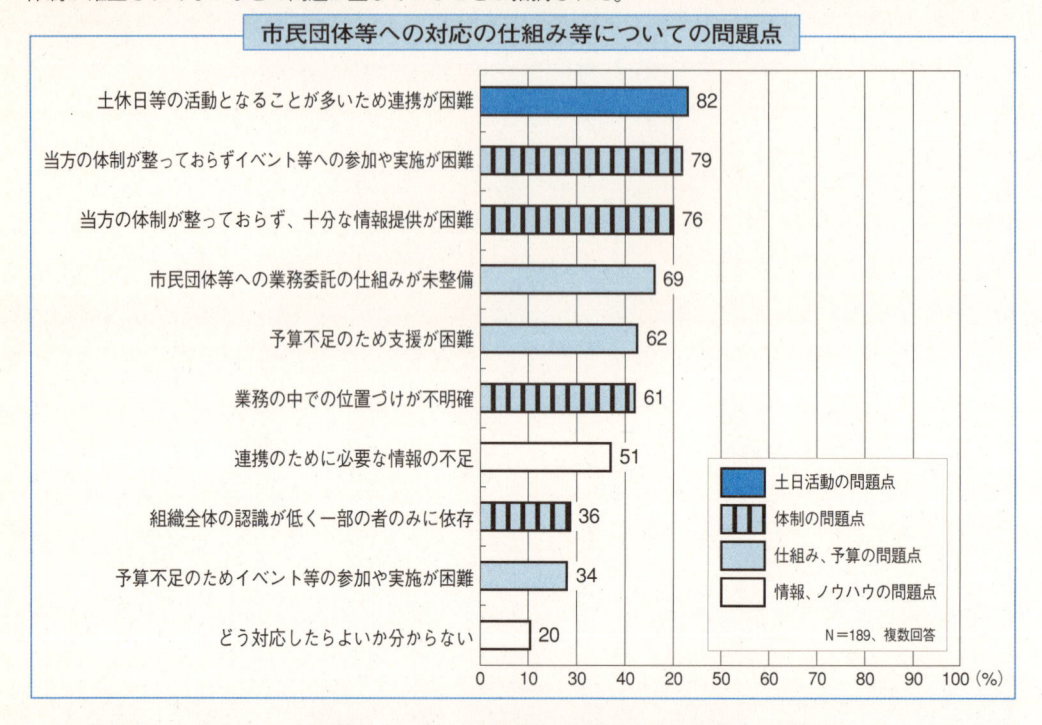

項目	%
土休日等の活動となることが多いため連携が困難	82
当方の体制が整っておらずイベント等への参加や実施が困難	79
当方の体制が整っておらず、十分な情報提供が困難	76
市民団体等への業務委託の仕組みが未整備	69
予算不足のため支援が困難	62
業務の中での位置づけが不明確	61
連携のために必要な情報の不足	51
組織全体の認識が低く一部の者のみに依存	36
予算不足のためイベント等の参加や実施が困難	34
どう対応したらよいか分からない	20

凡例：土日活動の問題点／体制の問題点／仕組み、予算の問題点／情報、ノウハウの問題点
N＝189、複数回答

河川管理者が今後講じるべき措置については、情報提供や専門の窓口の設置などが挙げられているが、問題点を挙げていない事務所でも、何らかの措置を講じなければならないということを意識しているといえる。

河川管理者が今後講じるべき措置

項目	%
河川管理者による情報提供	128
市民団体対応専門の窓口の設置等	102
河川管理者による物的支援	98
職員の意識改革	96
河川管理者による調査等の委託	81
他の水に関わる行政主体との連携	81
市民団体等の活動のための河川空間の整備	80
市民団体等の活動の活性化は不要	4
その他	37

凡例：支援策等の充実／河川管理者の体制整備等
N＝189、複数回答

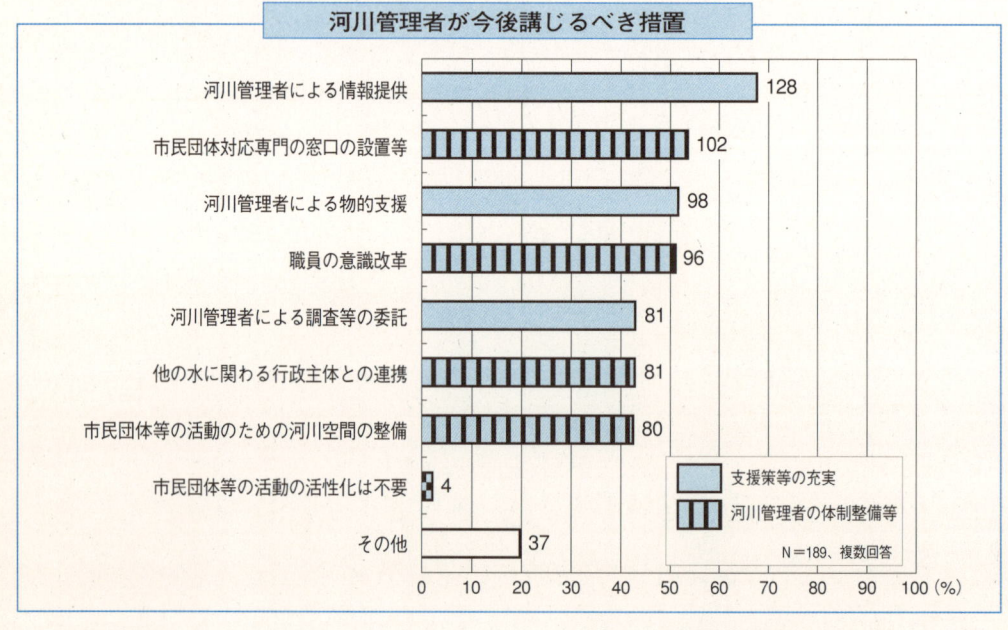

出典：河川審議会管理部会資料（平成12年4月）

2-2　市民との対話を通じて行政へ反映させる　　パートナーへの理解

> ・市民対応窓口の設置と担当者の明確化
> ・市民ニーズの把握と行政反映　　など

　河川管理者は市民とのコミュニケーションを通じて、市民の様々なニーズや声を把握することができるようになりますが、そうしたニーズ、声を行政に素早く効果的に反映することが大切です。

　市民のニーズ、声を河川行政に反映させるひとつのしかけとして、市民に対応するための窓口の設置や担当者の明確化など組織的な体制をとることが考えられます。

　全国のいくつかの建設省工事事務所では、市民と接する部局から横断的にプロジェクトチームをつくり、行政サービスの向上や市民に利用しやすい情報提供の工夫をするとともに、これらを市民向けのパンフレットに反映しています。このように、行政の対応窓口を設定し、項目ごとに担当部局や担当者の連絡先を明示するなど、市民との対話を通じて市民の声を的確に把握し、行政へ反映させる工夫が試みられています。

　また、市民との交流の中で、職員が絶えず市民のニーズを捉え、市民の要望、ニーズを行政内で共有し合うような河川管理の体制を積極的に工夫することが望まれます。

福祉憲章'99

　建設省福島工事事務所では、職員で構成する「福祉の川・道・まちづくり研究会（略称：福祉クラブ）」を事務局にして全職員が参加して「福祉憲章'99」をつくっている。この憲章では、事務所がかかわる地域の福祉に関して具体的な活動内容、手段、目標などを定めるとともに、項目ごとに担当者と連絡先を明記しており、市民の声を行政に反映させるための新しい試みとして注目を集めている。

　平成10年度の活動では、渡利水辺の楽校の区間を障害者の方々と合同調査し、対象区間全体を改善、整備するなどの成果が上がっている。

提供：建設省福島工事事務所

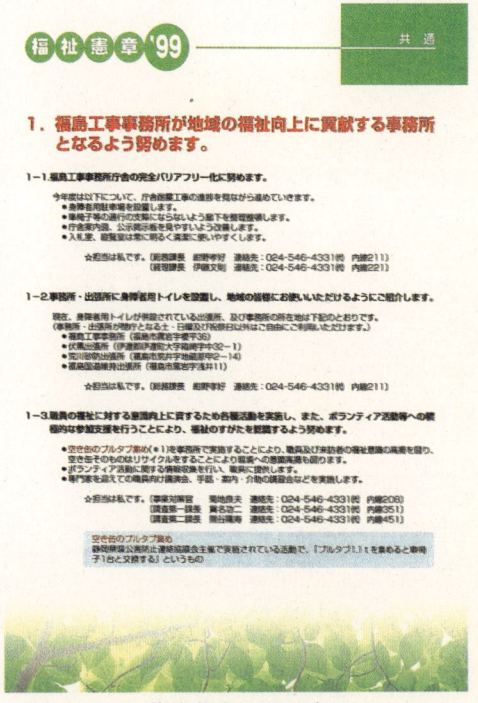

（毎年作成している）

出典：「福祉憲章'99」　http://www.fks-wo.th.moc.go.jp/

2　市民・河川管理者・自治体・企業がそれぞれの役割を担う　49

2-3　情報公開を積極的にすすめる　　　　　　　　　　　情報公開

- 情報源情報の公開と利用方法等の公表
- 情報窓口の設置、手続きの簡素化
- インターネットによる情報公開
- 広報誌の充実　　など

　情報公開法にもとづいて、行政の所有する情報は公開されることになります。河川管理者は川に関して、市民がどのような情報を求めているかを考慮にいれて、積極的に情報公開に取り組み、できるだけわかりやすい情報の提供方法、活用方法を示すことが望まれます。

　そして、公開している情報について市民がその情報に容易にアクセスできるような工夫が望まれます。市民は行政のどの部局がどのような情報を所持しているか判らない場合が多いので、情報のもとめに対応する市民窓口を設けたり、市民に対するきめ細やかな対応を工夫したり、情報の提供に際しての手続きをできるだけ簡素化したりして、市民から見た場合の情報入手のハードルをできるだけ低くしなければなりません。

　具体的な手法としては、例えば情報をインターネットに載せて、利用者が随時自由に利用できるようにすれば、インターネット利用者には極めて便利であり、郵送やファックス等の手間を省くということが可能となります。また、市民が発信した情報等、行政が地域から入手した情報についても、広報誌等で紹介するなど、市民に、より豊かな情報が届くように工夫したいものです。

　河川管理者および自治体が情報を市民にできるだけ多く、積極的に提供することによって、市民が川について知り、川とのふれあいを増すことができます。

◻ 水文水質データベースのインターネットによる公開

　平成10年7月、建設省河川局は日々観測する水文水質データの一部をインターネットで公開し、今後順次公開情報を増大させていくこととした。

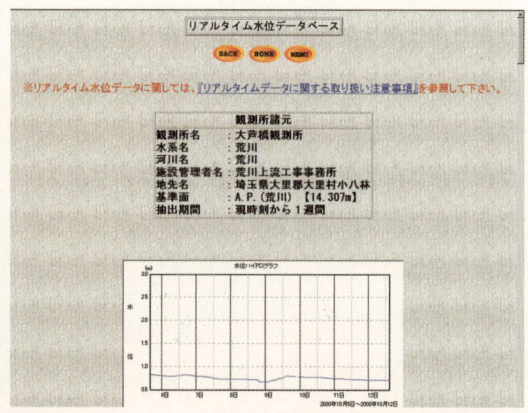

出典：建設省河川局ホームページ　http://www.moc.go.jp/river/

◻ インターネットで意見を聞く

　建設省京浜工事事務所では、多摩川、鶴見川、相模川についての情報を、ホームページを使って広く提供するとともに、多摩川沿川整備基本構想についての原案を提示し、市民からの意見、提案を広く受け付けるなど、インターネットを有効に利用している。

出典：建設省京浜工事事務所ホームページ　http://www.keihin.kt.moc.go.jp

2　市民・河川管理者・自治体・企業がそれぞれの役割を担う

2-4 市民活動を支援する　　　　河川管理への市民参加の支援

> - 市民による情報収集を委託する
> - 市民が行う日常的な事業をPRする
> - 市民のイベントを支援する
> - 市民に委託する（情報収集、提供、モニタリング調査等）
> - 流域活動センター（仮称）をつくる　　など

　市民が行っている川にかかわる日常的な活動の中で、ウォーキングや観察会、清掃活動、河川愛護・啓発イベント、モニタリングや川の情報収集、提供、身近な水辺の調査等、河川の愛護や普及啓発、といった公共性のある取り組みに対して、これを行政側がPRしたり、活動に対して支援等を行うことが、市民活動の活性化につながります。

　支援にあたっては、①職員の活動へ派遣、②集会場所、機材の提供、③活動に対する共催、後援、協力、④活動への助成や委託等が考えられ、地域の実情にあわせた多様な方策を工夫することが望まれます。

　そして、将来的には、市民活動の拠点となり、行政と市民とのコーディネートをおこなう自立した川のNPO組織として、流域活動センター(仮称)を川ごとに設置することも考えられます。このセンターは、川や流域に関する情報を包括的に収集・整理し、データベース化して提供したり、市民(団体)、企業、行政が双方向に交流しあう場を提供し、定期的に懇話会や学習会・川歩き・自然観察会など交流推進の事業を企画運営することが期待されます。また、様々なパートナーシップ型事業において市民(団体)と行政をつなぐコーディネーターとしての役割を担うことが考えられます。さらに、市民(団体)の日常的な活動の拠点となったり、人材派遣や運営助成などにより市民活動の活性化や継続を支える存在となります。

流域活動センター（仮称）

　平成8年に流域交流懇談会(平成6年度から京浜工事事務所が事務局となり、学識者、市民団体等がメンバーとなって、多摩川・鶴見川・相模川をケースとして、川づくりの今後の課題や関係者による協力関係のあり方を検討した)より「パートナーシップで始める〈いい川〉づくり」の提言が出され、この中で、〈いい川〉づくりを推進するために、市民(団体)・企業・行政の関係をつなぎ、相互の短所を相補い、自立した組織により企画・調整し、それぞれから信頼される魅力的な活動を行う、自立し継続する活動拠点として、「流域活動センター(仮称)」の設置が提案されている。

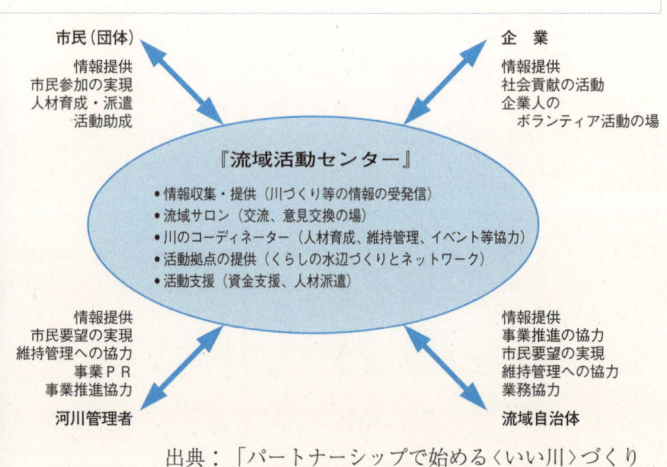

市民（団体）
情報提供
市民参加の実現
人材育成・派遣
活動助成

企　業
情報提供
社会貢献の活動
企業人の
　ボランティア活動の場

『流域活動センター』
- 情報収集・提供（川づくり等の情報の受発信）
- 流域サロン（交流、意見交換の場）
- 川のコーディネーター（人材育成、維持管理、イベント等協力）
- 活動拠点の提供（くらしの水辺づくりとネットワーク）
- 活動支援（資金支援、人材派遣）

河川管理者
情報提供
市民要望の実現
維持管理への協力
事業PR
事業推進協力

流域自治体
情報提供
事業推進協力
市民要望の実現
維持管理への協力
業務協力

出典：「パートナーシップで始める〈いい川〉づくり　流域交流懇談会提言書」（平成8年度）より抜粋

2-5　行政間の協力・連携を強化する　　関係行政機関、流域自治体との連携

- 河川管理者間の情報交換
- 河川管理者と自治体との情報交流
- データベースの共有とインターネットを用いた交流
- 合同研究、合同職員研修等　　など

　一つの水系で国の直轄管理区間と都道府県の管理区間あるいは複数の都道府県にまたがっている場合などには、各河川管理者との間でコミュニケーションの促進を図るために、相互に密接な情報交換を行うことが必要です。さらに、他の組織の取り組みもよく把握しておく必要があります。お互いに情報交換をすることで、市民とのコミュニケーションがより円滑に推進されることになります。

　一つの水系で河川管理者と流域自治体が、情報交換を定期的に行う場や機会をつくり、日常的に情報が共有されている必要があります。現在、多くの河川では治水期成同盟、水質汚濁防止協議会や各プロジェクトごとの協議会が個別につくられているケースが多いようです。このような場合にも、川づくりに関して幅広い話題で情報交換できるよう、相互交流を活発化させておくことが大切です。

　なお、以上の情報交流を、インターネットを用いて日常的に行う場合、その川や流域の基本的な情報をデータベースとして共有していくというシステムの構築も今後のあり方として検討する必要が出てくるでしょう。

　また、合同プロジェクトチームを設けて市民とのコミュニケーションに関する研究を行ったり、外部から講師を招き行政間合同の職員研修を行うなど、情報交換とともに緊密な協力連携をとることが望ましいと考えます。

四万十川流域会議（四万十川水系：四万十川、高知県・愛媛県）

　清流四万十川とその流域を取り巻く様々な課題に対応するため、高知県庁内の31関係課室長で横断的に構成された「高知県文化環境行政推進会議・四万十川流域会議」（事務局：四万十川対策室）を設置し、四万十川とその流域における総合対策の指針となる『清流四万十川総合プラン21』の効果的な推進を図っている。

　このプランの推進にあたっては、有識者からなる「清流四万十川総合プラン21推進委員会」から提言をいただきながら、四万十川総合保全機構（高知県内流域8市町村で構成）、四万十川自然環境保全推進協議会（事務局：建設省、愛媛県含む。）などとの行政間の連携を図っている。なお、これら関係機関との調整も四万十川流域会議の事務局である四万十川対策室を中心に行っている。

『清流四万十川総合プラン21』推進体制

〈四万十川全流域〉
四万十川自然環境保全推進協議会
・建設省四国地方建設局、同中村工事事務所
・愛媛県、高知県
・四万十川流域12市町村

〈高知県〉高知県文化環境行政推進会議 — 報告／提言 — 清流四万十川総合プラン21推進委員会（国、学識経験者、流域市町村代表、地域代表等）

四万十川財団（四万十基金）

〈流域市町村〉四万十川総合保全機構

流域関連組織
〈流域住民〉住民活動グループ等　〈流域団体〉農協・漁協・森林組合等団体　〈流域事業者〉土木建設事業者・観光業者

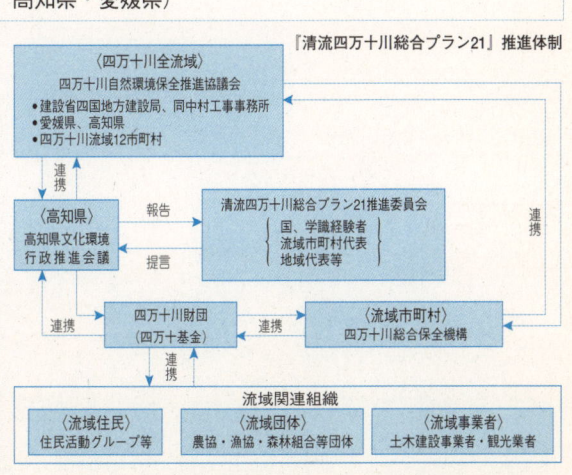

出典：高知県文化環境部四万十川対策室資料より作成

2-6　川に学ぶ機会をつくる

パートナーへの理解

市民がパワーアップする

- 水辺の楽校プロジェクト
- リバースクール
- シンポジウム、ワークショップ　　など

　川での環境学習のなかで、とりわけ学童を対象にした事業が推進されようとしています。また、川の将来のビジョンを描くための技能や評価能力を身につけるために、市民が能動的に取り組み、あるいは参加して「川に学ぶ」活動が活発化しています。

　このような「川に学ぶ」活動を、行政や実力のある市民団体が積極的に支援していくことが、長期的な観点からパートナーシップを育て、継続して発展させていく上で極めて大事です。

　市民の「川に学ぶ」活動を推進していく母体として、地域住民を構成メンバーとする市民組織（NGO、NPO等）の存在が欠かせません。行政はそうした市民組織の育成に対して、多面的な支援を行う必要があります。

　「川に学ぶ」活動の代表例として、子どもを対象とした「水辺の楽校プロジェクト」や、「子どもの水辺再発見プロジェクト」等をあげることができます。これらは、水辺の環境を人々の感受性や情緒などを育む場とし、子どもたちの遊び、自然体験などを通して、豊かな感性や適応力を培っていこうとするものであると同時に、「川のおそろしさ」や「自己責任」などについても体得する機会ともなります。

☐ 渡利水辺の楽校（阿武隈川水系：阿武隈川、福島県）

阿武隈川の渡利水辺の楽校では学校・地元住民、自治体、河川管理者のパートナーシップで河川空間の計画づくりと整備が行われるとともに、その空間で水辺の楽校が運営されている。

遊びや学習の場としてのワンド空間

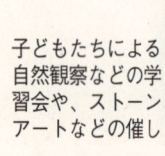

子どもたちによる自然観察などの学習会や、ストーンアートなどの催し

提供：建設省福島工事事務所

54　アイデア編

大淀川学習「北諸子どもサミット」（大淀川水系：大淀川、宮崎県）

宮崎市では約20年前から大淀川を使った学校教育を先進的に行っている。平成3年からは、大淀川流域市町村の児童が集まり、大淀川で水質調査や水生生物の観察、河川清掃などの川にかかわる具体的な体験活動を行い、自分たちが暮らす流域や川について話し合う「大淀川学習」を継続して行っている。平成9年度に開催された第7回「北諸子どもサミット」では、魚の放流や水質検査、水生生物の観察調査、ろ過装置の作成、イカダくだりの見学等、大淀川での体験学習やその実践発表が行われている。

このような活動を通じて、子どもたちの大淀川への理解を深めるとともに、河川浄化の意識や自然愛護の心を培うことをねらいとしている。さらに、郷土の環境についても関心を高め、よりよい郷土づくりの実践的な態度を育てることも考えられている。

提供：宮城県高城町教育委員会

2-7　市民情報の提供　　　　市民による情報発信

- 会報誌、ニュースレター等の発行
- 川・流域のマップづくり
- インターネットホームページ、パソコン通信による河川情報の提供
- シンポジウム、研究会　　など

　川の活動を行っている市民団体が新聞やニュースレター等の会報誌を定期的に発行しています。

　これら市民が日常的な活動で収集した情報誌には、市民活動状況や自然環境、歴史や文化の調査、イベントなどの様々な情報が掲載されています。また、河川・流域情報を市民参加でマップ化し、多くの市民が川にかかわることができるようにしている例もあります。また、近年では、パソコンを活用した通信やインターネットによる情報発信や双方向の情報交換を行い、市民ならではの川・流域情報を収集し蓄積しています。さらに、シンポジウムや研究会などを全国持ち回

りで開催するなど、全国の市民団体間での情報交流、共有化も図られています。このような自発的な情報収集・発信、交流が各地域、河川での活動を促進、継続することにつながります。

◻︎「みんなでつくろう最上川環境マップ」―川の健康診断してみませんか―（最上川水系：最上川、山形県）

　NPO法人水環境ネット東北では「東北水環境交流会inやまがた」の企画の一つとして子どもたちが参加する環境イベント「最上川の流れの果てに」を開催した。夏に子どもたちの参加をつのり、最上川での自然観察会や自然体験を行い、これを基に最上川の環境マップを共同製作した。秋にはこのマップを酒田市総合文化センターで展示し、その後は小牧川野鳥観察館に展示している。今後このような観察会や体験イベントを継続し、最上川の環境マップづくりに反映させていこうと考えている。

提供：NPO法人水環境ネット東北

◻︎市民による名張川の水質調査と啓発活動（淀川水系：名張川、三重県）

　上流域の住宅団地開発やダム建設による河川流量の変化や水質の悪化に対し、市民の飲料水となっている名張川の水質を専門的に調査しようと、下流の「淀川水系の水質を調べる会」と上流の「川の会・名張」が合同して、関係機関の協力のもと、平成10年6月から1年間にわたり流域19地点の水質一般項目10項目を季節毎に4回、24時間調査を1回、また、数地点で発ガン性物質や環境ホルモン物質の調査も行った。この調査の意義は、木津川流域の上下流の住民が連携して、自ら現状を把握し、汚濁の原因と構図を明らかにすることであり、その成果は行政や広く流域住民に提供するとともに、自治体や建設省に改善提案して、パートナーシップ型水環境改善事業に反映させていくこととしている。

提供：川の会・名張

「淀川水系の水質を調べる会」と「川の会・名張」による名張川の水質調査

2-8　市民の自立した活動を促す

市民活動の自立と連携

> - 市民活動のマネージメントの充実
> - 専門家を派遣する
> - 既存制度の活用　　など

　市民の川へのかかわりを促進し、川の良き理解者を増やすことは今後の川づくりや河川管理において必要不可欠となります。市民同士の刺激により、川にかかわる市民活動が活発になることによって、多くの市民が参加する機会が増え、河川管理への理解を深めたり、河川管理自体に参加することにつながります。また、市民団体の運営能力の向上や活動内容の充実、専門的な取り組みへのアプローチは、活動を自立・継続させ、レベルアップさせることにもつながります。そこで、市民のネットワークを通じて、コーディネート能力のある人材やマネジメント能力のある人材、河川、自然環境、生物、歴史など様々な専門能力のある人材をお互い育てあう必要があります。例えば、市民の依頼で専門家を派遣・斡旋したり、市民主催の学習会や人材育成講座などを共催・後援したり、河川環境保全モニター、河川愛護モニター、などの既存制度を活用した専門家によるサポート体制づくりや、これを推進するような市民活動支援集団を育成・支援するなどが考えられます。

多摩川学校の運営（多摩川水系：多摩川、東京都・山梨県・神奈川県）

　多摩川を将来に向けてよりよくするにはなにが必要か、なにをすればよいのかを「知る」「考える」「行動する」をキーワードに体験学習を中心とした人材育成を行っている。平成6年度に始まった「多摩川レンジャー育成講座」が前身で、平成9年度では64名の修了生が育っている。修了生は次年度の多摩川学校の講師や市民活動のサポートなどを行っている。運営は東京都の助成等によりNPO法人多摩川センターが実施している。

東京都調布市：魚類調査の実践
（平成10年9月20日）

提供：NPO法人多摩川センター

多摩川学校 1999年度概要		
講座名	講師	
1）多摩川の"いろは"を学ぶ	岡田　淳 横山十四男	（アースマンシップ自然環境教育センター） （多摩川学校長／多摩川センター代表）
2）水辺における安全確保	岡田　淳	（アースマンシップ自然環境教育センター）
3）魚類から観た多摩川	君塚　芳輝	（淡水魚類研究者）
4）多摩川に培われた歴史・文化	矢萩　隆信	（多摩川水系自然保護団体協議会事務局長）
5）干潟の埋め立ての歴史と問題点	増田　直也	（環境カウンセラー）
6）川づくりへの住民参加	岡田　淳 山道　省三	（アースマンシップ自然環境教育センター） （全国水環境交流会）
源流合宿〜多摩川、最初の一滴を辿る〜	中村　文明	（多摩川源流観察会）

2　市民・河川管理者・自治体・企業がそれぞれの役割を担う

2-9　市民のネットワークをつくる　　　市民活動の自立と連携

- フォーラム・シンポジウム
- 情報交流(会報誌・パソコン)　　など

　水系や流域を視野においた市民活動が流域全体に広がることは、パートナーシップによる河川管理をすすめる上で望ましいことです。そのためには、個々の市民活動を水系、流域へとつなげ、市民の交流ネットワークをつくることが有効です。このようなネットワークを活動する市民自らが自発的につくっていくためには、きっかけづくりが重要です。例えば、各河川、流域での川づくり、まちづくりをテーマとしたフォーラムやシンポジウムを開催したり、各市民団体同士が情報誌を交換したり、共通の情報誌の発行やパソコン通信、インターネットを通じて市民の広い層で情報交流を行う、などが考えられます。

　その基本となるのは、活動経験が豊かで多くの市民から信頼されている核となる団体や、長年継続されているような活動があると、市民のネットワーク化が図りやすいと考えます。そして、それぞれの市民団体の活動へ他の市民団体が参加し、日々の活動での交流を通じて、水系・流域規模のビジョンを共有していくプロセスになります。いずれにせよ、個々の市民活動の熟度に応じた適切なメニューを選択することが望まれます。

◻ NPO法人　水環境ネット東北

　水環境にかかわる産・官・学・民の幅広い人たちが交流し、水環境の保全と創造に資することを目的として、平成5年に市民(団体)を主体に設立された「全国水環境交流会」(全国9地区)の東北地区のネットワーク団体として活動している。

　会の活動としては、①水環境に関する情報交換及び交流会の開催(東北水環境交流会)、②地域水環境づくりに関する研究や提案活動(100人モニターヒートアイランド気温調査、舟運可能性調査、広瀬川ボート下り調査)、③水環境に関する活動の支援や協力、④水環境に関する調査研究、交流活動、イベント等の受委託(「川とのつきあい方」研究会)、⑤その他、水環境の保全と創造に関する活動、があげられ、「水環境交流部会」「水環境企画研究部会」「編集部会」「総務部会」が設けられ、平成10年度の事業計画としては「'98東北水環境交流会inやまがた」、「Eボート交流事業」、「水の道フォーラム」、「舟運可能性調査」、研究会「川とのつきあい方」、「水環境研究会」、会報「みずねっと」の年12回の発行、等が考えられている。また、組織としては次のようになっている。

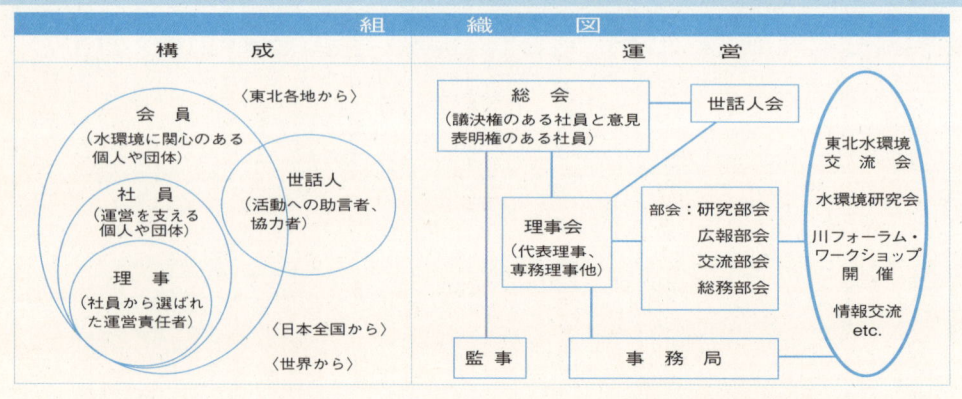

提供：NPO法人水環境ネット東北

◻ よこはま川のフォーラム

横浜市を中心として市民と行政のパートナーシップによる川づくりを進めようと、市民団体と横浜市下水道局とで実行委員会をつくり、平成10年7月に「よこはま川のフォーラム」を開催した。平成11年には7～8月期に各河川での団体の行事（ウォーキング、観察会、川遊び等）などを行って、多くの市民と交流した。その後、9月に下水道局と連携して全体の川のフォーラムを開催し、これを機に市民活動の紹介記事（週1回）が地元の神奈川新聞に1年間掲載された。平成12年度は前年度の活動を発展させるとともに、流域ごとのまとまりを持つための活動（勉強会、交流会など）を強める予定である。

「よこはま川の博覧会～総集編」で行われた各地の活動のパネル展示風景

出典：「よこはま川のフォーラム」パンフレット

◻ 水郷水都全国会議

水郷水都全国会議は、昭和59年に琵琶湖で開催された世界湖沼会議に参加した市民グループの提言により、昭和60年に設立され、島根県松江市で第1回全国大会が行われた。この活動は、水にかかわる市民活動の全国的ネットワーク化と交流による展開を図り、課題解決をめざしている。

第1回大会では、中海・宍道湖の淡水化事業をテーマに、水環境を総合的に評価し、その意味を次代に継承しようとする「親水権」が提唱された。以来、平成11年の第15回沖縄・宮古島大会まで、毎年1回各地の課題をテーマに現地実行委員会方式で行われている。なお、全体運営調整のため、全国実行委員会（24名）が設置されている。

〈各大会の開催地およびテーマ〉
- 第 1 回 （1985） 松江市／水とくらし―人と湖の共存を求めて―
- 第 2 回 （1986） 土浦市／水文化の再生をめざして―アオコ河童からの提言―
- 第 3 回 （1987） 富士市／水と人間の共生について
- 第 4 回 （1988） 中村市／水環境と地域の再生
- 第 5 回 （1989） 柳川市／水循環の回復と地域の活性化―柳川堀割から考える―
- 第 6 回 （1990） 小山市／水と森林
- 第 7 回 （1991） 高槻市／水とともに生きる都市
- 第 8 回 （1992） 新潟市／水―流れが交わり、文化が生まれる―
- 臨時大会 （1993） 桑名市／長良川―いま、河口の在り方を問う―
- 第 9 回 （1993） 八王子市／序章・自由水権運動―水はめぐり、時がめぐり、人がめぐりあう
- 第10回 （1994） 釧路市／水環境のワイズユース
- 第11回 （1995） 横浜市／都市河川新時代
- 第12回 （1996） 徳島市／川と日本
- 第13回 （1997） 米子市／水と人との共生―21世紀に生きる―
- 第14回 （1998） 気仙沼市／森は海の恋人―森～川～海とひとの21世紀
- 第15回 （1999） 沖縄・宮古島／水はめぐる―天、地、海、生命、～地下水が育むいのちとくらし～
- 第16回 （2000） 東京／創ろう活かそう! 私たちの川とまち

2-10 川の人材を育てる

市民活動の継続と発展

- リバースクール
- リバーセミナー
- 環境調査・水質調査・観察会　など

　市民が川に関心を持ち、川にかかわっていきたいという思いを実現させるためには、市民が自発的に川への関心を深め、活動や行動を通じてさらに能力を高めることが必要です。そこで、様々なアイデアを駆使して川への理解を深めるための場や機会をつくりましょう。例えば、一般の人々が川の学習や体験を行うことができるリバースクールやリバーセミナーを開催することや、これらの学習を通じて、河川全般や環境学習の指導、救急救命法の体得などステップアップしながら、川の利用、管理に精通する人材をあわせて育成します。こうして育った人々にスクールやセミナーの運営に参画してもらうことが参加者の意欲を高め、活動の充実や継続を支えることにつながります。

北上川リバーマスタースクール（北上川水系：北上川、岩手県・宮城県）

　北上川流域連携交流会(以下、交流会)では、建設省岩手工事事務所、北上川下流工事事務所等や流域の自治体などとの協力により、川への理解を深めるための学習や体験を目的に「北上川リバーマスタースクール」を毎年開催している。

　建設省の北上川歴史回廊構想によって、北上川沿いに「水辺プラザ」が位置づけられ、交流会は整備後の運営、活用面で、「川の達人」が重要であるとの認識から、川遊びや川の文化等に関する指導者を養成するしかけとして、リバーマスタースクールの設置を提案し、平成8年度から開校している。

　同スクールは初級、中級、子どもの交流の部門に分けて開催しており、開催地のリーダーとスクールの修了者がスタッフとなり、運営にあたっている。

　修了者は、交流会が「リバーマスター」として認定し、自治体関連のイベント、教育委員会主催の環境教育、地域活動、水辺プラザや北上川交流学習館(仮称)などの世話人、指導者として優先的に推薦している。地域情報に詳しく、川のことを広く理解している「川の達人」は、市民活動の推進者として行政にも求められている。

　修了者が同スクールのスタッフとして協力する体制ができており、また、それぞれの地域でクラブをつくり、自主的活動も始めている。

　平成11年度からは、交流会と北上川流域市町村連携協議会との協働で、「次世紀の地域づくりのモデル的実践」のモデル事業に取り組むこととなった。

　岩手工事事務所、胆沢ダム工事事務所では後援を行い、情報交換とともに講師派遣や機材面などで積極的な支援を行っている。また、岩手県、川崎村、水沢市も、イベント等への参加、協力に積極的である。運営資金は、河川整備基金等からの助成金、建設省工事事務所からの事業補助などでまかなっている。

　行政にとっては現場で地域住民と直接話し合ったり、地域ニーズへの細かな対応のための時間・人材を確保すること、市民団体にとっては活動資金・資材の確保や運営のマネジメントのノウハウの向上が課題となっている。さらに、流域が広いために各地域性をふまえた上下流の協力、調整の体制づくりが課題となっている。(107ページ参照)

北上川を下りながら川の自然、人々とのかかわりを体験するリバーマスタースクール

提供：北上川流域連携交流会

アイデア編

❏ パートナーシップ関係図

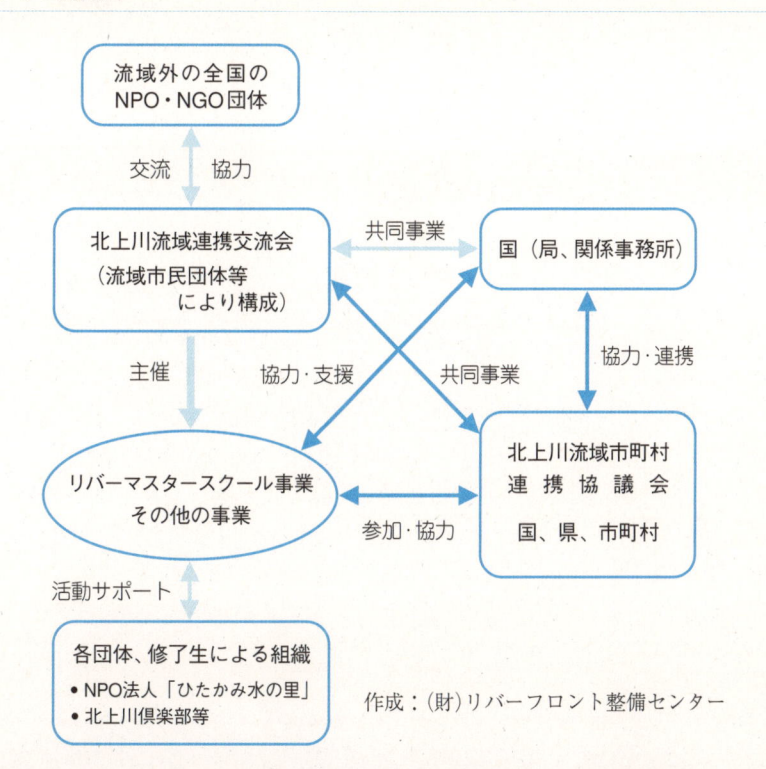

```
                流域外の全国の
                NPO・NGO団体
                      ↕
                 交流  協力
                      ↕
    北上川流域連携交流会 ──共同事業── 国(局、関係事務所)
    (流域市民団体等
        により構成)                    ↕
         ↕         ╲    ╱          協力・連携
       主催    協力・支援  共同事業         ↕
         ↓         ╱    ╲              
    リバーマスタースクール事業 ←──→ 北上川流域市町村
       その他の事業      参加・協力   連携協議会
         ↕                          国、県、市町村
      活動サポート
         ↓
    各団体、修了生による組織
    • NPO法人「ひたかみ水の里」
    • 北上川倶楽部等
```

作成：(財)リバーフロント整備センター

提供：北上川流域連携交流会

2-11 河川行政と協力・連携する — 河川管理者のパートナーとしての参加・支援

自治体が参画する

- 市町村による都市計画マスタープラン、緑の基本計画等における河川の位置づけ
- 川とまちにかかわる条例・制度などの制定
- 川を使った環境学習　など

　自治体は市民にとって、もっとも身近な行政機関であり、まちづくり、地域づくりの主体です。
　自治体が策定する「総合計画」や「市町村都市計画マスタープラン」、「緑の基本計画」、「環境管理計画」など、基本となるまちづくりの計画の中で、河川を重要な柱としてきちんと位置づけることによって、河川行政と協力・連携して取り組むことが望まれます。さらに川とまちのかかわりを行政に反映させるために、景観や水質などに関した条例や制度等をつくることが期待されます。
　また、川をつかった環境学習や生涯学習などは、河川管理者の協力を得ながら、学校や地域で取り組むことが考えられます。こうした自治体ごとの地域ニーズを反映しながら、河川をまちづくり、地域づくりに積極的に活かしていきましょう。

□ 真岡（もおか）自然教育センター（栃木県真岡市）

　栃木県鬼怒川の河畔に設置された自然教育センターは、真岡市の教育委員会に所属し、市内の小中学生がセンターに宿泊し、子どもたち自身が決めたメニューで川や前面に広がる約180 haの河川敷を使いながら自然体験をしている。これは、「川にはあらゆる教材がある」（菊地恒三郎市長）という考えのもとに行われており、義務教育に組みこまれた「真岡方式」の活動として、カリキュラムの中で実施されている。センターには自然観察などのボランティア約300人が登録されており、メニューに応じた支援がなされている。センターは市内の小中学生を対象に平日、通年で利用されているが、付属する川の公園は、休日は市民、企業に開放される。また、「老人研修センター」が併設されていることから、子どもと高齢者がともに遊ぶ、高齢者から竹細工や料理を習うなど多様な交流の場ともなっている。

鬼怒川での自然観察

提供：真岡市自然教育センター

◻ 広瀬川の清流を守る条例（広瀬川水系：広瀬川、仙台市（昭和49年制定））

　杜の都、仙台のまち中を流れる広瀬川の水質と、周囲の自然環境や景観を一体的に保全するため、市民の合意のもとに「広瀬川の清流を守る条例」が制定された。環境保全区域、水質保全区域を設け、主に、環境保全区域内の建築物の高さや建ぺい率、色彩等を規制するとともに、植栽できる敷地の確保を図り、良好な景観を保全している。また、環境保全区域においては、木竹の伐採等の行為の制限も行うこととしている。

【環境保全地域】
　広瀬川の流域と一体をなして良好な自然環境を形成する3つの区域を、自然性、保全の必要性により次のように定め、それぞれの地域にあった環境を保全するため、土地利用等の形態について以下の表に示す規制を行っている。
・特別環境保全区域　　　優れた景観と自然環境を持ち、その保全が特に必要な地域
・第一種環境保全区域　　良好な自然環境を保つ区域、もしくは特別環境保全区域に隣接し自然環境の一体性の維持が必要な区域
・第二種環境保全区域　　他の2つの保全区域と調和できるよう、環境の保全を図る区域

【水質保全区域】
　広瀬川の本流、及び本流の水質に影響を及ぼす支川で、広瀬川のシンボルであるアユが生息できる水質を条件とした水質管理基準を定め、ブロック毎の許容負荷量と排出規制基準を定めている。

建築物その他の工作物の新築、改築、増築等に関する制限（一例）

〈環境保全区域内の形態制限（建ぺい率）〉

区域の種別／用途地域の種別	特別環境保全区域	第一種環境保全区域	第二種環境保全区域
第一種低層住居専用地域　第二種低層住居専用地域	30パーセント	40パーセント	50パーセント
第一種中高層住居専用地域　第二種中高層住居専用地域	30パーセント	50パーセント	60パーセント
第一種住居地域　第二種住居地域　準住居地域	30パーセント	50パーセント	60パーセント
近隣商業地域	―	60パーセント	60パーセント
商業地域	―	60パーセント	60パーセント
準工業地域	―	50パーセント	―
備考	工作物の高さの限度10m。敷地面積の30％以上の土地が環境保全のために植栽などのできる敷地として確保できるもの（河川に接した土地では、これが河岸線に沿って確保すること）	工作物の高さの限度20m。敷地面積の30％以上の土地が環境保全のために植栽などのできる敷地として確保できるもの（河川に接した土地では、これが河岸線に沿って確保すること）	工作物の高さの限度20m。敷地面積の30％以上の土地が環境保全のために植栽などのできる敷地として確保できるもの（河川に接した土地では、これが河岸線に沿って確保すること）

〈木竹の伐採についての制限〉

区域の種別／行為の種別	特別環境保全区域	第一種環境保全区域	第二種環境保全区域
木竹の伐採	建築物の存する敷地内に限られ、高さが3m以下（株立ちした木竹は1m以下）であるもの（自然がけに自生しているものを除く）	高さが5m以下（株立ちした木竹は1m以下）であるもの。ただし、河川に接した土地では、高さが3m以下（株立ちした木竹は1m以下）であるもの（自然がけに自生しているものを除く）	高さが5m以下（株立ちした木竹は1m以下）であるもの。ただし、河川に接した土地では、高さが3m以下（株立ちした木竹は1m以下）であるもの（自然がけに自生しているものを除く）

出典：「広瀬川環境・水質保全区域指定のあらまし」

☐ さいたま川の博物館（荒川水系：荒川、埼玉県・東京都）

昭和58年から5ヶ年をかけて、研究者から児童・生徒にいたるまで多くの人々を結集して、「埼玉の母なる川」荒川の総合調査を行い、報告書と写真集を刊行した。これを契機に、調査員などから、収集された資料を一堂に集め、広く公開する博物館をつくりたいとの声があがり、平成9年8月1日に開館した。

この博物館は、「埼玉の母なる川―荒川を中心とする埼玉の河川や水と人々のくらしとの関わり」を様々な体験学習を通じて、環境保護、河川の浄化や水循環などの課題を含めて身近な問題としてとらえていくことを目的としている。

一方的な情報供給ではなく「楽しみながら学べる体験型博物館」として、誰でも水に親しみながら憩い、楽しく学べる博物館を目指している。

さいたま川の博物館（埼玉県寄居町）

荒川情報局

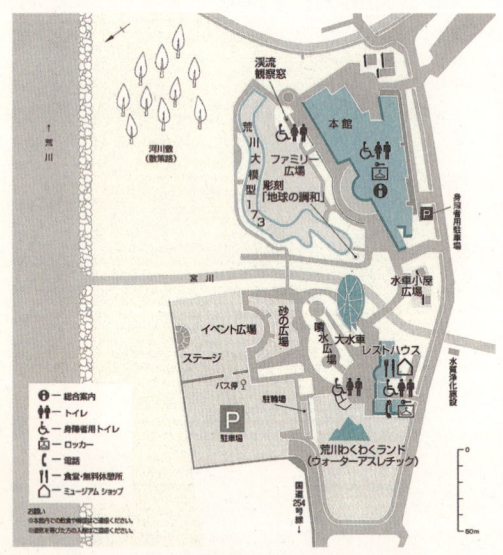

さいたま川の博物館（パンフレットより）

さいたま川の博物館ホームページ
http://www.kumagaya.or.jp/~kawahaku/

提供：さいたま川の博物館

64　アイデア編

2-12 流域自治体をネットワークする　　自治体間の連携、広域的組織づくり

- 流域の自治体による川のビジョンづくり
- 流域協議会による水質保全管理　　など

　「河川環境」が河川法の目的に位置づけられましたが、河川環境は上下流や支流といった水系の連続性や流域とのつながりが不可欠です。今日、川沿いのゾーンがもつ防災、自然環境保全、福祉、学習、レクリエーション、地域振興など多様な役割を担う魅力的な区域としての価値を、沿川流域の自治体が連携し、まちづくりや地域づくりに活かしていくことが求められます。

　そこで、河川整備計画の策定と連携して、沿川ゾーンとの一体的で連続した土地利用のあり方を考え、その価値を共有していくという視点から、流域の自治体や市民が一緒になって流域全体のビジョンを検討していくことが考えられます。

　また、流域や沿川自治体で協議会をつくり、川の水質保全や管理に関して協力、分担するなどが考えられます。自治体が流域で連携した取り組みを通じて、流域で総合的な水、環境、まちづくりを検討、調整するしくみをつくることも考えられます。

■ 宮川流域ルネッサンス事業（宮川水系：宮川、三重県）

　宮川流域は伊勢市をはじめ14の市町村で構成されている。流域には、水量の確保、水資源の有効活用、水質の浄化、保水力豊かな森林の整備、自然環境と調和した産業の推進など広範囲にわたる課題がある。これらの課題に対して、共通の理念・計画に基づき、流域住民と一体となって取り組むことが求められ、平成10年2月に「宮川流域ルネッサンス・ビジョン」、10年12月「基本計画」、11年3月「実施計画」を策定した。

　これら計画策定・事業推進にあたり、学識経験者、地元有識者、国関係機関、流域市町村代表で構成する「ルネッサンス委員会」を設置するとともに、県庁内に関係部局長からなる横断的な推進体制組織「宮川流域ルネッサンス事業推進会議」を設置している。

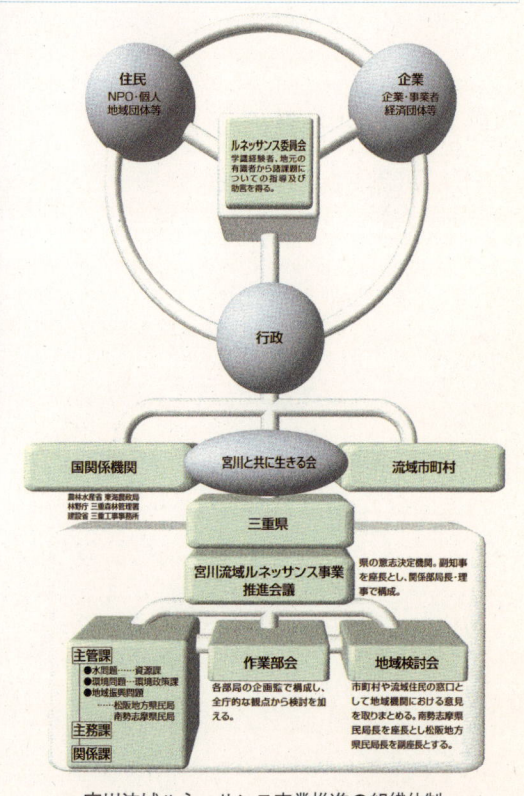

出典：「宮川流域ルネッサンス事業の概要（ver.3）」パンフレット

宮川流域ルネッサンス事業推進の組織体制

2-13 企業が参加する

企業力を活かした川での社会貢献活動

- 市民活動情報の企業内広報
- 人材派遣、資材、物資等の提供
- 市民活動への参加　　など

　多くの市民団体からは活動上の課題として、人材、資金・資材などの不足があがっています。また、市民活動を継続して行うためには、継続的な会員の確保やスタッフの育成がなされなければなりません。一方、企業も社会貢献や地域貢献が求められています。企業の河川管理への参加方法として、河川、流域の環境保全の活動に対して企業から人材を派遣したり、会議や催事の場を提供するなどが考えられます。また、川にかかわる市民、行政の情報を企業内の掲示板を活用して広報したり、ボランティア休暇制度等を活用して社員にボランティアとして市民活動に参加してもらう機会を広げることなども考えられます。

　企業の参加を図りやすくするには、多様なメニューを用意し、参加できる選択の範囲を拡げることや、企業活動にとってもメリットのあることがポイントです。

霞ヶ浦アサザプロジェクトへの「霞ヶ浦粗朶組合」など関係団体の参画（利根川水系：霞ヶ浦、茨城県）

　市民団体が仲介役となって湖岸を波浪から守るための粗朶沈床を設置するために建設省と林業組合の協力により、年間で5000本の間伐材が使用されている。この取り組みを経てプロジェクトに参加した自営業者によって「霞ヶ浦粗朶組合」が設立され、粗朶の供給とともに源流の水源林の保全、維持に寄与する環境保全型流域産業が試みられている。

　また、アシの植え付け用の土嚢は地元企業と生協から提供され、土地改良区の排水路に繁殖した抽水植物の利用が行われるなど様々な団体の連携が図られている。さらに、創出されたヨシ原は魚類の保護増殖の場としても重要であり、漁協、茨城県も活動に積極的に参加をはじめている。

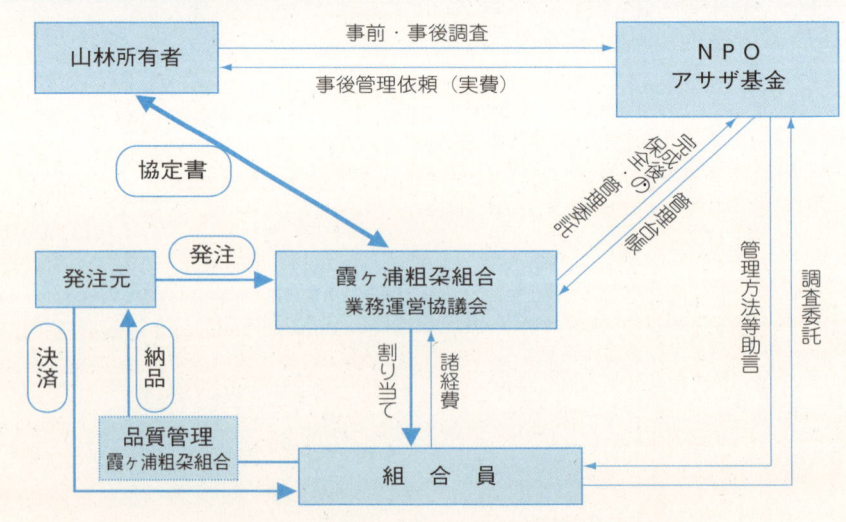

出典：応用生態工学研究会『第3回研究発表会講演集』
　　　飯島　博「霞ヶ浦におけるアサザプロジェクトの展開（その2）」（1999.9）

市民による水源地での一日きこり 　　　　　「霞ヶ浦粗朶組合」による森林保全活動の現場

提供：霞ヶ浦・北浦をよくする市民連絡会議

□ 北上川クリーン作戦（北上川水系：北上川、岩手県）

　盛岡ガス工業(株)は、ボランティア活動と社員教育の一環として社をあげて、平成11年4月から11月まで毎月、合計8回、延べ350人の社員参加による北上川の清掃を行った。
　このほか同社は、盛岡ガス(株)グループの一員として、日本海中部地震、釧路沖地震、三陸はるか沖地震、阪神淡路大震災に際し、災害復旧救援隊の派遣を行っている。

第1回　御堂観音(みどう)での作業安全祈願（4月3日） 　　　第1回　社員による清掃作業（4月3日）

第3回　岩手県玉山村にて（6月5日）

提供：盛岡ガス工業株式会社

2 市民・河川管理者・自治体・企業がそれぞれの役割を担う

2-14 市民活動をサポートする　　　企業力を活かした川での社会貢献活動

- 共同キャンペーン、業界へのアピール等による啓発活動
- 寄付、助成制度による資金支援活動
- 川、流域に関する基金の設置　　など

　企業の組織や事業を生かした社会貢献活動としては、人材の派遣や資材、物資の提供といった直接的活動のほかに、市民活動への寄付、信託、公益法人の設立による助成、組織や業界への働きかけ、広報、共同キャンペーン活動等、間接的なサポートも各地で広がりつつあります。また、川、流域に関して、企業に呼びかけ、流域活動を資金的に支援するための基金の設置なども工夫されてよいことです。

　企業活動と消費者である市民とのかかわりは、極めて密接な関係にあります。その業種、業態、地域事情にあわせ、サポートしていくことで企業イメージの高揚にもつながると思われます。

　一方、こうした参加企業に対しては、市民、行政ともに様々な方法で評価、公表することが必要です。また、寄付金に対する課税等についても、企業が参加し易い制度づくりが望まれます。

☐ 鶴見川流域クリーンアップ作戦（鶴見川水系：鶴見川、東京都・神奈川県）

　鶴見川では毎年9、10月に流域で一斉クリーンアップを実行委員会方式で実施している。平成10年は流域企業にも呼びかけている。クリーンアップへの実施団体としての参加、一口1万円での協賛団体としての参加、クリーンアップ作戦の案内の社内機関誌への掲載、地域への配布など広報面での支援等のメニューを用意し、様々な事業所、商店等の参加を得ている。

鶴見川下流でのクリーンアップ作戦

出典：鶴見川流域クリーンアップ作戦'99チラシ

68　アイデア編

3 一緒に取り組む

3-1　共同事業・調査を行う　　　　　協働して取り組む活動、事業

- 合同水防訓練
- 学童による環境学習、川体験
- 流域博覧会，川のフェア
- 一緒に歩く
- 川の電子百科事典
- 西暦2000年の川を記録する
- 川マップづくり
- 環境点検　　など

　河川管理者と市民団体、関係自治体等が共催する事業を考え、調査や研究、水防訓練、川のフェア等のイベントを行うことは、行政や市民活動についての情報共有や相互理解を深める上で有効です。また、お互いの信頼関係を築くことにもつながります。

　例えば、市民から川に関する様々な情報を提供してもらい、市民参加で川の環境点検をおこなったり、川の電子百科事典を制作し広く市民に配布することなどが考えられます。世紀の転換のタイミングを捉えて、川の現在の姿を様々な角度から調査、記録し、これらの情報を基に、川歩きや川の観察会などに活用できる川マップを作成するなどもひとつのアイデアです。

　また、行政担当者と市民が一緒に川を歩き、共通のフィールドでお互いの意見を出し合うことで、川に対する視点の違いや、市民の具体的な要請が理解できます。こうした活動が、ひいては河川整備計画に反映されるのであれば、なおさら有効な活動となります。

　また現場で「合同水防訓練」などを行うことで、災害時の具体的な協力や役割分担がわかります。

　さらに、流域全体の自治体や企業、流域市民や関係者に川や流域の実情をアピールしたり、協働の呼びかけをするイベントとして「川のフェア」、「子ども川体験」等も効果があります。

　また、行政主催の既存の啓発イベントに市民団体や自治体、民間団体、企業等にも参加を促し、実行委員会や運営委員会方式で行うことが考えられます。市民や企業が行っている既存の事業や活動を紹介したりして、各主体の持ち味を活かした共同調査・イベントを企画したいものです。

　進め方としては、広く市民や民間団体、企業等に呼びかけ、管理運営体制づくりや拠点の設立が重要となります。

総合治水の日イベント「ふれあって鶴見川」（鶴見川水系：鶴見川、東京都・神奈川県）

鶴見川で毎年行われている5月を中心とした「総合治水の日」のPRイベント「ふれあって鶴見川」（主催は建設省京浜工事事務所および流域自治体で構成する鶴見川流域総合治水対策協議会）は、市民団体の提案で流域の市民団体、流域自治体も参加した実行委員会の運営によるイベントとなっている。このメインのイベント「わくわくワールド」の前後に実施される、市民団体が主催するウォーキングや自然観察会、こどもの日の河川敷でのイベントなど、市民イベントをネットワークイベントとして位置づけ、連携した取り組みになっている。

出典：鶴見川総合治水対策協議会「ふれあって鶴見川」パンフレット

多摩川洪水攪乱環境調査（多摩川水系：多摩川、東京都、山梨県、神奈川県）

多摩川において、平成11年9月6日、7日の2日間、洪水攪乱後の河川環境モニター調査を実施した。参加者は、多摩川センター（自然保護団体を含む多摩川の146の市民団体がネットワークしているNGO組織）、河川生態学術研究会多摩川研究グループ（学識経験者・専門家による調査団）、建設省土木研究所、関東地建河川部、京浜工事事務所で、延べ約120名が参加した。

平成11年8月14日洪水による攪乱の状況を把握するため、出水前後の植生、地形等を中心に状況の変化を現地調査した。環境の復元のメカニズムを解明するため、追跡調査の方法など河川生態学術研究会等学識経験者からアドバイスを受ける予定で、多摩川センターは、「環境調査カルテ」を作成し、市民が継続的にモニター調査を行う地点の提案を行う予定である。

堆積したゴミ
（東京都あきる野市・八王子市秋川合流点付近）

えぐられた河原（世田谷区二子玉川・兵庫島付近）

洗掘を受けた河原と土砂の堆積の様子
（東京都羽村市羽村大橋下流）

河原の現状を話し合う参加者（東京都青梅市）

提供：NPO法人多摩川センター

■ 北上川倶楽部「お米の学校」（北上川水系：北上川、岩手県）

「お米の学校」は、リバーマスタースクール修了生が組織した「北上川倶楽部」の自主事業として、平成10年4月に開校された。地域の転作田を利用し有機米を栽培するもので、田植えから刈り取りまでを体験する。さらに、収穫米を船積みし、船で下る舟運体験も実施している。運んだ米は、「北上川流域連携フォーラム」の参加者に配布された。

岩手県水沢市を出発するメンバー　　　　　　　「お米の学校」の田植えの様子

提供：北上川倶楽部

■ 「西暦2000年の多摩川を記録する運動」の実施（多摩川水系：多摩川、東京都、山梨県・神奈川県）

市民の視点で西暦2000年の多摩川の姿を記録しようとする運動で、平成8年から準備委員会(8名)を設置し、計画づくりと呼びかけを行ってきた。平成10年に正式な実行委員会(74名)を設置し、平成11年11月に住民参加型一斉調査の予行実験を行った。記録する内容は、以下のようになっており、CD-ROM化等、パソコンへの入力、活用を図る予定となっている。

1) 住民参加型調査
 ・一斉調査型：日時を予め決め、1kmごとの多摩川の堤防上から360度のパノラマ写真を撮影、川の生物の中から漁業被害の指摘のあるカワウの調査、人の利用調査、ゴミの調査を行う。日程は、平成12年1月から平成13年1月まで5回を予定している。
 ・プロジェクト型：多摩川の健康診断として、魚類、現代多摩川名勝図鑑づくりを行う。
 ・レクリエーション型：多摩川の散歩道づくりを行う。
2) 専門家参加型調査
 ・プロジェクト型：多摩川の生物(市民文献の収集)や多摩川の生業及び古老からのメッセージ(ビデオ記録)、多摩川の達人(Who's Who)を記録する。

アンケート調査シート　　　　　　　　　　　多摩川を調査するメンバー

提供：NPO法人多摩川センター

3 一緒に取り組む　71

◼ 市民がまとめた「不老川　川づくり　まちづくりマップ」（荒川水系：不老川、埼玉県）

　不老川流域川づくり市民の会のメンバーが1年以上をかけて情報収集を行い冊子にまとめている。そこでは不老川を7区域に分け、川の状態や市民の希望、テーマ毎の説明文、水循環の視点など様々な情報がイラストマップと共に整理されている。このマップは平成10年度河川整備基金の助成を受けて作成された。

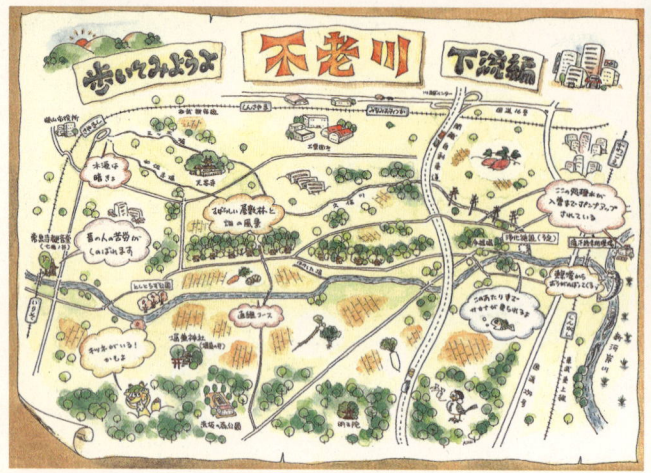

不老川流域川づくり市民の会による「不老川　川づくり　まちづくりマップ」

不老川の大森調整池(埼玉県入間市宮寺)には、繁殖のために多数のカエルが集まってくるが、道路横断の際、車にひかれる。これを救おうと入間市に要請し、日本初のカエル用トンネルをつくった(写真右側が大森調整池)。

提供：不老川流域川づくり市民の会

3-2　計画から維持管理まで一貫した共同作業　協働して取り組む活動、事業

- ビオトープ（生物生息環境）づくり
- 水辺の植生管理　　など

　市民の川へのかかわりを継続していくためには、市民が日常的にかかわる水辺環境や利用施設の整備において、計画段階から維持管理段階まで一貫して、市民に主体的に取り組んでもらうことが有効です。また、行政にとっては市民の川への関心や市民との役割分担のあり方について理解する良い機会となります。そこで、計画から維持管理まで一貫して市民が中心となった水辺のビオトープづくりや植生管理などを、市民と行政の役割分担を決めながらすすめる事業などが考えられます。

　対象となる場所や整備方法、維持管理のしかたなどについては、参加する市民との話し合いの場等をつくり、ワークショップなどを行いながらすすめ、双方が内容やプロセスについて納得がいくまで時間をかけることがポイントです。

◻ 荒川中土手プロジェクト（荒川水系：荒川、東京都）

　荒川下流と中川に挟まれた荒川左岸の河川敷（通称、中土手）に、市民の提案による池を中心とした湿地をつくり、計画から工事、管理まで市民が主体的にかかわり、生態系の保全、回復を行っている。中土手の自然回復に賛同する市民により組織された「中土手に自然を戻す市民の会」が、対象地である河川敷の整備案、作業、運営等を提案し、管理者である建設省荒川下流工事事務所や江戸川区と調整の上、市民プロジェクトとして協働作業により自然復元試験地を造成、「五色池」と命名し、池の完成後も観察会を中心とした定期的な管理活動（主に植生）を行っている。

　市民の会では、平成8年の活動の開始から1年間の記録をまとめた報告集の作成や会報「五色池通信」（月1回）の発行、「あらかわ学会」における発表等の活動も行っている。

　荒川下流工事事務所では、これらの活動とは別に、モニタリング調査を実施している。

提供：建設省荒川下流工事事務所

◻ NPO法人グラウンドワーク三島（静岡県三島市）

　平成4年に15の市民団体が集まり「グラウンドワーク三島実行委員会」を設立し、市内各所にある荒地化した遊休地の「ミニ公園づくり」や休耕水田を活用しての「花とホタルの里づくり」など様々な地域環境改善活動を展開している。市民・行政・企業がパートナーシップをとり、それぞれの役割を補完し合いながら、三者の仲介役（コーディネイター役）を担う「グラウンドワーク三島実行委員会」の地域に対するしかけが、日本で最初に三島市を発信基地として始まっている。

鏡池ミニ公園の整備

「三島梅花藻の花の里」の整備

出典：NPO法人グラウンドワーク三島

3-3 協働で計画をつくる　　　市民参加、活動支援の手法開発・活用

- 川づくりコンペ
- 川の利用施設づくり、運営　　など

　市民の望んでいる川へのかかわりの内容は、必ずしも河川管理者が考えているような整備や維持管理とは限りません。市民とともにあるべき川の姿を考え維持管理していくためには、市民の関心がどこにあるのかを把握することが重要です。そこで、川づくりや管理について提案を公募したり、市民自らが知恵を出し、プランを練り、整備や環境改善にも参加するような実験的パートナーシップ型の事業を実施することで、河川管理者と連携する方法や手順などを開発、蓄積することができます。取り組みの内容としては、水遊び場の整備、野草の管理などの自然環境の保全、市民利用施設の運営などが考えられます。パートナーシップをつくっていく上で、可能な限り河川管理者として取り組むことが望まれます。例えば公募によって、共同で取り組むテーマや、関心をもつ人々に参加してもらうことができます。公募の方法には、コンペ、アイデア募集など様々ですが、参加者や地域の実情に合わせて工夫することが必要です。このように、パートナーシップによる水辺づくりをモデル事業として推進し、将来的には、地域の合意によってしくみの制度化に至るように努める必要があります。

市民の環境保全活動による天願川（てんがん）改修（天願川水系：天願川、沖縄県）

　昭和56年、治水目的で改修された天願川中流域の蛇行部は、残地となった蛇行部分が水流のないヘドロのたまる危険な場所となっていた。そのような状況に対し、平成元年より市婦人連合会「いどばた生活学級」や具志川青年会議所が中心となり、清掃やイベントを中心に活動を展開してきた。

　こうした活動の中で、この蛇行部分を活用しようとする運動が高まり、管理者である県河川課もそれを受け、多自然型工法での改修工事が実施されることとなった。

　平成8年より3ヵ年に渡って行われた改修工事は市民参加によって進められたが、その中で行政や地域団体の枠を越えた組織「具志川水と緑を考える会」が結成され、行政と地域住民の仲介役や講習会等の開催、設計図の提示などの働きかけにより、市民の意見が工事に反映される結果となった。

　工事終了後も会では天願川をフィールドとした環境調査を中心とした活動を、地域や行政に働きかけながら展開している。

ふるさとの川整備構想図　　提供：沖縄県土木建築部河川課

「具志川水と緑を考える会」と小学生らで、工事にかかわる生物移動作戦

◻ 梅田川水辺の楽校プロジェクト（鶴見川水系：梅田川、神奈川県）

　鶴見川水系の梅田川は流域面積が4km²にも満たない小さな河川だが，自然環境に恵まれ，子どもはもちろんのこと大人までもが川で遊ぶ楽しさを実感できる。
　横浜市では，昭和62年度から子どもたちとのワークショップによる環境整備計画の立案や，自然復元の技術を用いた河川改修を手掛けてきたが，こうした取り組みを継承し発展させるため，平成9年度から建設省のモデル事業である「水辺の楽校プロジェクト」を，学校を含む地元住民や一般公募による市民とともに実施している。
　プロジェクトの推進にあたり，未改修部分の河川整備案を立案するため，フィールド調査を含めて計6回のワークショップを開催した。ここでは主に，震災復興事業と同時期に築造された農業用堰（角落し堰）の存続の是非について議論が進んだが，最終回では，堰の保存が可能となるように河川法線を変更した案に決まった。
　その後，事業の実現に向けて水利組合や地権者との交渉を進めると同時に，堰を「横浜市認定歴史的建造物」として登録するほか，技術的な検討や河川法の適用について建設省や神奈川県と協議を進めてきており，今後の検討会により整備案を確定し，平成12年度には工事に着手する予定である。
　また，このような実践により，参加者一人一人が河川のみならず流域環境の問題へ取り組む熱意を持ち始め，「水辺の楽校新聞」の発行やイベント等の開催へと展開してきている。
　今後も引き続き，川や地域への愛着がより一層高まるような活動を目指していきたい。

フィールドでのワークショップの風景
（現場を見ながら環境をみんなで評価）

グループに分かれてアイデアを出し合う参加者

提供：横浜市下水道局河川設計課

3-4　協働を持続・発展させる　　市民参加、活動支援の手法開発・活用

- 協働のためのしくみ、拠点づくり
- 持続的な人材育成、資金確保　　など

　パートナーシップによる持続的な活動を維持するためには、日常的に人や情報の交流を促進しながら、協働のためのしくみ、拠点の形成などが必要になります。また、行政・市民・企業それぞれが、その立場と役割について、お互い信頼し認識しあいながらも、精神的、物的に自立していることが、協働の意味や内容を深めることになります。
　協働のメニューは各地で展開が始まっていますが、多くは試行錯誤の段階です。それぞれの持

ち味や英知を集め、協働を進めていくことで課題が改善され、持続性、発展性が高まるものと考えます。

例えば、流域を単位として、川や流域にかかわる市民団体が参加しネットワークをつくり、流域単位の活動を継続して展開するために、専従スタッフやコーディネーター等による自立した拠点をつくることが考えられます。この拠点が協働の取り組みを通じて成果を蓄積することで、自立し継続する市民活動が社会的に認知されるとともに、市民と行政との信頼関係を築くことにつながります。また、この協働を継続・発展させるために、後継者の育成を協働のテーマにすることも考えられます。人材育成のプログラムを市民と行政で開発し、協力して実施し、継続していくことで、次の時代のパートナーシップの担い手を育てていくことにつながります。こうした長い目でパートナーシップによる取り組みを継続・展開していくことが、明日の河川管理の方向を見出すことになると考えます。

◻ 矢作川沿岸水質保全対策協議会（矢作川水系：矢作川、愛知県）

矢作川流域では、昭和40年代に、乱開発による水需要の増大や水質汚濁の進行をめぐって利害が対立していた。このため、下流の農業・漁業団体により昭和44年に「矢作川沿岸水質保全対策協議会」（矢水協）が組織され、事業所の排水の水質浄化、造成工事の施工指導、行政への働きかけによる乱開発の防止等の活動を展開してきた。現在では、協議会は拡大され上下流域の市町村を含めた52団体で構成されている。

実績を重ねていく中で、水質保全のための土木施工技術の蓄積、環境管理のための環境アセスメント、環境モニタリング等の科学的な管理手法の熟練により、水域の管理手法を構築し、行政や事業者と一体となった活動を行っている。

その他にも上下流域の交流の促進や、水源の森林を共同で保全するなどの活動にも取り組むなど、各方面へのはたらきかけと相互理解を得るための取り組みを進めたことにより、地域の環境をトータルとして評価する「矢作川方式」と呼ばれる独自の流域管理システムが地域に定着してきている。

こうした活動の成果は、国連環境計画（UNEP）の流域管理に関するケーススタディとして取り上げられ、また平成11年「日本水大賞」では大賞を受賞するなど評価を得ている。

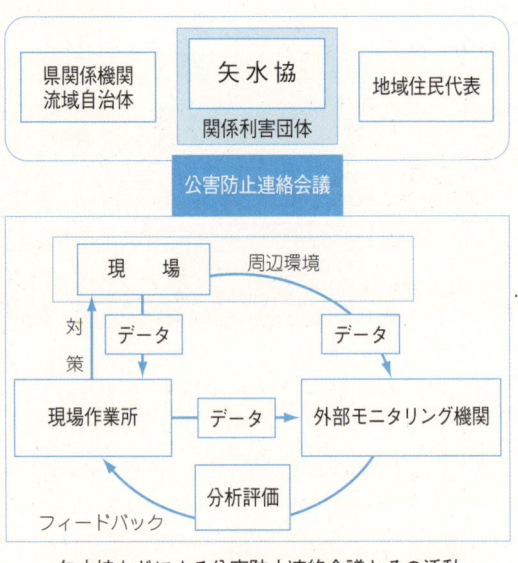

矢水協などによる公害防止連絡会議とその活動
提供：矢作川沿岸水質保全対策協議会

◻ 鶴見川流域ネットワーキング（鶴見川水系：鶴見川、東京都・神奈川県）

　鶴見川流域ネットワーキング(以下、TRネット)は、鶴見川の水系に沿って自然や都市を学び直し、バクの姿の流域地図を共有しながら、流域の行政機関、市民団体、企業等との多様なパートナーシップを工夫し《安全・安らぎ・自然環境重視の川づくり・まちづくり》を通して、持続可能な未来を開く、新しい流域文化を育む、様々な流域活動をすすめている。

　TRネットの活動の基本スタイルは、「流域地図を共有する」、「川歩き・流域歩きを大切にする」、「持ち場なしに連携なし、というセンスがある」、「団体ごとに技芸(特技)をみがき、技芸をもって他団体と連携する」、「パートナーシップを重視し、合意形成型の活動をねばり強く推進する」の5つである。

　具体的な取り組みとしては次のような活動があげられる。
・情報誌、ウォーキングガイド、フィールドノートなどの発行等の情報提供活動
・「ふれあって鶴見川」(「総合治水の日」啓発活動)実行委員会への参加、「鶴見川・いき・いきセミナー」(市民講座)への企画、運営協力、市民団体主催(子ども風のまつり、鶴見川源流祭、鶴見川流域クリーンアップ作戦など)事業に対する行政からの支援・協力等のパートナーシップ活動
・源流泉の広場の管理作業、中流地先の河川敷の植生管理作業、綱島地先のワンドの生物調査、下流域プロムナード、及び鶴見川多目的遊水地の公園整備計画作業への協力、「身近な環境調査プロジェクト～川と福祉のワークショップ～」の実施など公共的なプロジェクトへの参画
・平成8年度環境庁と流域3市による「流域サミット」、平成11年「池のフォーラム」(横浜市・環境庁主催)への参加協力
・平成11年秋からスタートしている「鶴見川流域水委員会準備会」への委員参加、市民提案　等

　TRネットはその活動を自立・継続し、事務機能を強化させるため、世話人有志で平成9年4月に(有)バクハウスを設立した。専従スタッフが、TRネットの各団体の活動及びプロジェクトの様々な調整や、行政等との連携・協力・委託等を、責任を持って実行することで社会的な信頼を得つつある。また河川法改正に伴い、流域自治体とのパートナーシップをより緊密に行うために、サブネット体制をつくり、各地域ごとに行政との懇話会等を開き、情報交換、提案活動、協働事業等を行っている。各団体の持ち場をもった活動を基礎に、こうした自立した事務局体制を持つことで、行政とのパートナーシップを継続・展開することに繋がっている。

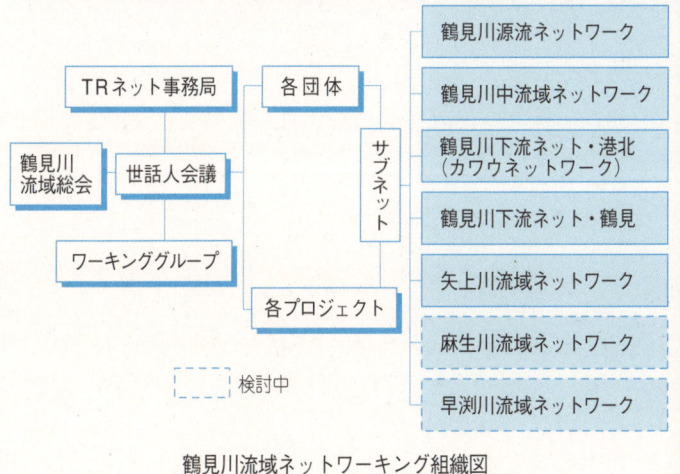

鶴見川流域ネットワーキング組織図

市民団体によって維持管理されている「源流泉の広場」

3　一緒に取り組む

鶴見川流域懇話会	・東京都 ・町田市 ・源流ネットワーク	鶴見川整備に関する意見交換会 （都管理区間）
	・神奈川県横浜治水事務所 ・横浜市　・当該区 ・中流ネットワーク	鶴見川中流域懇話会 （県管理区間）
	・京浜工事事務所 ・川崎市　・当該区 ・横浜市　・当該区 ・カワウネットワーク	鶴見川下流域懇話会 （港北区区間）
	・京浜工事事務所 ・横浜市　・当該区 ・下流ネットワーク鶴見	鶴見川下流域懇話会 （鶴見区区間）
検討中	・神奈川県川崎治水事務所 ・川崎市　・当該区 ・矢上川流域ネットワーク ・麻生川流域ネットワーク	矢上・麻生川 流域懇話会 （県管理区間）

TRネットと行政との意見交換の場

鶴見川・いき・いきセミナー風景

提供：TRネット

78　アイデア編

パートナーシップの現場から

1 官民協働による通船川再生事業の取り組み *81*
2 湖と森と人を結ぶ霞ヶ浦アサザプロジェクト *86*
3 旭川流域ネットワーク(AR-NET)と旭川流域連絡協議会 *92*
4 全国水環境交流会 *98*
5 二ヶ領せせらぎ館の市民運営 *102*
6 北上川リバーマスタースクール *107*

ここでは、パートナーシップによる取り組みを、その取り組みの概要や取り組みに至ったきっかけ・経緯、関係主体の間での役割分担、成果、今後の課題などについて、取り組みの当事者の方にできるだけわかりやすくご紹介いただきました。
　ここで取り上げたものは、パートナーシップによる河川管理を進める上で次のような課題に取り組んだ事例です。

多主体によるプランづくり（公募による市民参加、ワークショップ等の手法活用）
　様々な価値観、主張を持つ市民らがワークショップなどの共同作業を通じて、情報を共有し意見を出し合いながら主体を形成し、合意を図りながら協働のプランをつくった事例として

　1．官民協働による通船川再生事業の取り組み

市民と行政が一緒に取り組む環境改善（計画から維持管理まで）
　市民と行政が合意形成を図りながら、双方の役割分担を行い、信頼関係を築きながら継続して取り組む事例として

　2．湖と森と人を結ぶ霞ヶ浦アサザプロジェクト

市民のネットワークづくり
　市民が継続的・発展的に行政とパートナーシップを組んで取り組むために、市民のネットワークの形成が重要であり、このために行政のサポートを得ながらイベントなどの事業を行っている事例として

　3．旭川流域ネットワーク(AR－NET)と旭川流域連絡協議会
　4．全国水環境交流会

市民の活動スタイル、利点を活かした協働（市民による利用施設の運営・管理を行政が支援）
　河川の市民利用施設を市民団体に委託し、市民のニーズに合わせきめ細かな運営を行っている事例として

　5．二ヶ領せせらぎ館の市民運営

川の人材育成（環境学習・スクール等）
　川への取り組みを継続するために、NPO・NGOと行政との連携で川の人材育成に一般市民も巻き込んだ取り組みの事例として

　6．北上川リバーマスタースクール

1 官民協働による通船川再生事業の取り組み

相楽　治（通船川ネットワーク・新潟の水辺を考える会）

1-1　行政との取り組みの具体的な内容

（1）対等な議論の場づくり

　通船川沿川の住民・農民・企業・市民と新潟市・新潟県土木事務所・大学研究者がそれぞれ力を合わせて取り組むパートナーシップでの川の再生をめざした「通船川・栗ノ木川下流再生市民会議」（通称、つうくり市民会議）が'98年春に発足しました。そこでは再生への川づくりの議論をかわすフォーラムが始まり、沿川を巡るさまざまな環境条件や活動状況の情報交換が行われています。意見交換では新潟地震時の復旧工事として使われた軽量矢板（直壁の鉄板護岸）の腐食による倒壊の不安など住民の防災的な意見が多く、さらに同年8月4日の集中豪雨による床上床下浸水被害もあって治水に対する具体的な陳情型の会議になりがちでした。

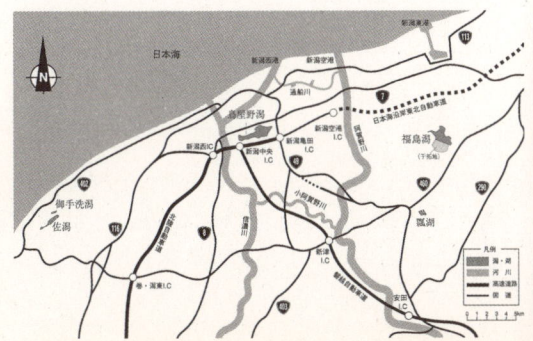

「つうくり市民会議」では具体的なデータを示しながら将来の川のあり方を官民が知恵を出しあってさぐることを目的としています。

（2）河口環境整備ワークショップの開催

　そこで新河川法の追い風を受けて官民が相互に力を出し合って川づくりをめざす本来のパートナーシップ型の取り組みをと考えていた河川管理者の県土木事務所は、より具体的に実現可能な河川関連事業として「ふれあいの場づくり事業」を、河口山ノ下排水機（河口ポンプ場）・閘門周辺の公開型の利用を考えた環境整備事業に取り入れました。この事業は県と市と地域住民とが共同で取り組む事業であることが基本となっていましたので'98年12月～2000年3月まで足掛け3年、10回のワークショップが開かれました。具体的な検討メニューはポンプ場周辺約0.5haの観察園路広場と約1.5haの水辺の森などの環境整備へむけた利用・保全とそのための基盤整備のデザインをまとめる計画づくりです。

　"みんなで通船川河口を見よう"、"通船川河口再生イメージを考えよう"、"通船川のあり方を考え提案をしよう"など市民が参加しやすいようなテーマを9回分のスケジュールに合わせたプログラムを作成し公表しました。その結果、沿川住民、自治会役員だけでなく貯木場や沿川の工場などの企業、農業団体、商店、デザイナー、建設業者、コンサルタントなどが集まりました。当然、通船川ルネッサンス21、水辺の会、公民館職員、中地区を考える会など通船川で活動する

現地でのウォッチング調査のようす。
現地では、稼働中のポンプや閘門、監視や操作業務、水辺の船や材木、森の樹林、水鳥、水質、水量、におい、音など全てが参加者全員に伝わります。

諸団体の会員、新潟市や新潟県土木事務所の職員も参加しました。最初は小学生の参加もありました。プログラムの中では市民と行政がいい議論をして魅力的な提案ができるように、通船川に関する情報や知識を相互に共有できるように努力しました。「ワークショップで重要なことは合意することよりも学びあうことだ」(ヘンリー・サノフ氏)を具体的に実践するため現地の1/1空間、環境での議論を大切にしました。毎回ポンプ場の管理者、河川や森林の専門家である大学教授、総合学習に取り組む小学校の先生、橋などの建築家などを招きミニ講義を開き、検討模型や大型の白図面、結論白抜きの表や投票ゲームなど多様な視点で協議しました。毎回、その結果をまとめたワークショップニュースを出し、結果として行政側も納得できる計画案にまとまりました。

(3) 市民は、地域住民は、地域のための川づくりに何ができるか？

8回のスケジュールで進められる予定でしたが、8.4河川激甚災害対策特別緊急事業(激特事業)の計画との調整で10回に延び2000年3月に完了しました。10回目では「通船川河口環境整備の運営管理」として"つくる段階""つかい運営する段階"それぞれで行政、企業、市民、学校、団体がどのように関われるか、市民は、行政は、それぞれどのように取り組むべきか？協働でどのような取り組みをすべきかを検討しました。

1-2 取り組みのきっかけ、経緯、プロセス

通船川再生活動での行政との取り組みでは、他の川づくり活動でのそれと少し異なっています。それは権限や財政力をもたない公民館という行政との取り組みです。'94年から通船川ルネッサンス21(星島卓美代表)のグループが新潟市東地区公民館(梶瑶子館長)と協議し、川の再生と川の環境学習を重ねた「通船川環境講座」を、指導する講師を新潟の水辺を考える会から派遣してもらい、三者がそれぞれできる範囲で取り組むという理想的？なパートナーシップ事業を始めました。それが通船川ネットワーク(以下、ネット)の始まりです。ネットでは環境講座だけでなくカヌー下りや小学校や企業の参加でのクリーン作戦、学生の研究への協力、財団の川づくり助成研究受託、通船川ニュースの発行、農家と木材企業、船会社、商店の協力によって市民や学校の参加する花絵の筏"花筏"づくり、釣大会、トンボや鳥、魚、材木にも一言いわしてというロールプレ

イも楽しんだ水辺シンポジウムなど多彩な取り組みをパートナーを替えながらつづけてきました。そのことで多くの市民やマスコミ、新聞の評価を得て地元団体主催の地域活性化大賞を受賞し、その賞金を"にいがたの水辺賞"として現在5つの小中高校のグループに贈っています。逆に新聞社の推薦による水辺に歌を流す会や銀行から寄付金を頂くなど活動の輪は広がっています。ネットには中地区を考える会や公益法人大形第1自治会も参加し、各イベントなどで実質的には農業団体や大型商店なども参加しています。

　'98年、鋼矢板の護岸改修だけでない水質の改善を含めた清流ルネッサンスをめざす県河川課と出先県土木事務所と市土木部とで開かれていた「通船川・栗ノ木川下流再生検討委員会」が市民と行政との対等な関係＝パートナーシップでの川づくりを全国初で始めようと呼びかけ設けたのが「つうくり市民会議」でした。'97年の新河川法による"地域と川との関わりの再構築"＝住民など地域参加型の川づくりのモデルづくりの実践として。ネットでは'95年に通船川再生の基本理念や方針づくりを終えていましたが、市民側だけで具体的な絵を描いても当事者である河川管理者や都市計画担当の市や地元企業、農業団体の評価するものにならないと思っていました。ここで両者の求めるものが重なったわけです。一方、水から守る会など自治連合会を主体とする団体はひたすら治水の川づくりを掲げ約27,000名の護岸改修促進の署名を集めていました。その方々も加わる「つうくり市民会議」ですから"陳情型"になってしまい市民行政のパートナーシップで何ができるかという議論になりにくいのは至極当然な成り行きでした。

1-3　取り組みの進め方及び役割分担

　つうくり市民会議の進め方として、会議のテーマや進行の手法を検討する「世話人会」が各自治会連合会、流域企業・農業団体、PTA団体や治水や環境改善、まちづくり団体などで本会議の前に開かれます。そこは事前のプログラム検討会議であるはずですがやはり陳情型の意見などフォーラム形式の本会議で出されるべき疑問、意見、提言が大部分を占めます。それだけ疑問や意見をかわす情報開示や公開での議論の場所が確保されていないと言うことの裏返しとみるか、議論の作法を心得ないわがままな市民と見るか微妙で考えさせられるものがあります。本会議では市民側から出した会長、副会長が議事進行をしますが行政は先に絵を描かず、そこで多くの市民と行政が意見や提案を出し合い、それらの検討議論の内容を受けてから対応できる川づくり案をつくり、再度そこで検討してもらうという考え方で進めようというのが行政側の提案でした。そのため基礎的なデータは可能なかぎり発表するといいます。裏のない真摯な態度で官民の信頼関係を築いて行くことから地域の住民・企業の参加する新しい川づくりを目標としています。

　具体的な事業予算を背景とした河口ポンプ場・閘門周辺環境整備のワークショップでは、このような文字通りのパートナーシップ型の川づくり目標をプロセスデザインにして実施するためにワークショップの進行はネット側のスタッフに任せてもらいました。陳情型の議論でなく、① 全員参加、② 相互学習、③ 創造を旨とする協議型の議論の作法を身に付けて、結果新たな川づくりのデザインやシステムを築き上げてゆくためにです。行政スタッフは情報やデータ、協議の枠組み（達成できること）の提供をお願いしました。さらに、前述したような専門的な視点の提供は結果として市民側から次々と個人の経験的、固有な場所的情報を引き出し、譲歩＝納得すること

や技術者顔負けの技術的、哲学的提案まで飛びだし一応の役割分担ができたのではと思います。

1-4　取り組みの成果及び課題（改善点、問題点）

　市民と行政のパートナーシップの取り組みでもっとも収穫があったとすれば、激特事業の結果、新ポンプ場の設置で操作室が移転し、眺望に優れた大きな現操作室の市民利用の可能性が生まれ市民側に責任ある受け皿しだいで資料室、休憩交流室としての使い道が考えられ、それができるかが問われることになったことです。環境整備など川づくりにいいたいことを言うだけでは"陳情型"とそんなに変わらないのではという行政側の疑問に市民側が応えなければならず、望ましいパートナーシップ＝対等な信頼関係で何ができるかという問いかけに"対等な協働関係"での取り組みを始めなければならないと気付き、その自覚が生まれたことです。結果として学んだことは、かつて江戸時代の新潟の町衆が飛砂に泣かされ、領主の長岡藩に"住民が松苗を植えて防砂林にすることを願い出て自ら植林をしてきた"という構図に見られるように"市民主体の事業"に行政がどれだけ理解し、支援できるかということがパートナーシップで重要なポイントではということです。

（1）市民事業主体の官民パートナーシップ事業を

　現実に、行政側には制度の責任、時間制約、予算枠、事業の目的枠など機構のつくりだすスタンスがあります。その担当者と本音で激論を交わせる関係になるには3、4年以上日常的に協議し大きな川づくりの目標を共有できる関係が理想です。その関係を築く前に担当者の異動があります。とすると当面不可欠な課題としては、① 都合の悪い部分を含めた情報の開示、② 行政の都合だけでない市民との意見交換の恒常化、定期化での回数時間密度の確保、③ 方向を決める場への官民双方に必要な作法、④ 本来的に安全防災の機能の川づくりと遊び安らぐ文化の川づくりとの違いの確認、⑤ 行政側だけを縛ることの無い計画やデザインの共同責任化、⑥ パートナーシップでの川づくりは未知の領域。前例などのパターンにはめないことの確認、⑦ 未知の領域では社会実験が必要。江戸時代の見試し論、欧米の適応技術論。⑧ 機能優先の基盤整備予算と合意優先の協働事業予算の2本建て予算化、ではないでしょうか？

（2）市民のパートナー選びでの多様な取り組みに支援を

　官は一元的なパートナーシップを望みますが、市民は建設担当課だけでなく公民館、学校などと"この指に集まれ式"の多様多彩なパートナーシップを展開している現実があります。「つうくり市民会議」と並行してワークショップ全国交流会の通船川分科会では、小学校のこども達や公民館のネットワークする劇団や水辺の会の漫画家などをパートナーとしてイベントを行い、その成果でオランダ旅行の副賞の付いた'99年川の日ワークショップのグランプリを獲ってしまいました。市民事業へのパートナー選びは重要な課題です。とすれば官民のパートナーシップには"支援型"から始まることが望まれます。

◻ 取り組みにおける関係者模式図

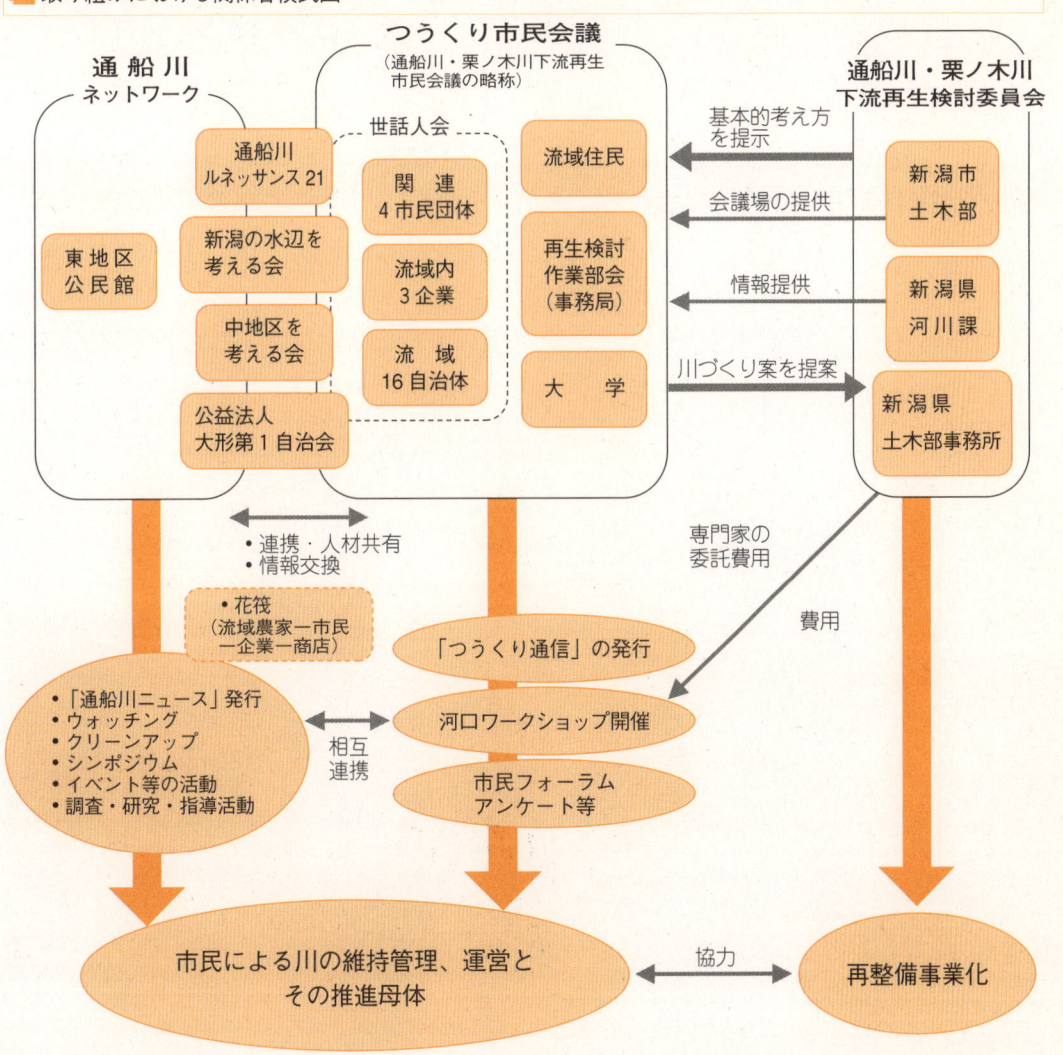

通船川ネットワーク
- 東地区公民館
- 通船川ルネッサンス21
- 新潟の水辺を考える会
- 中地区を考える会
- 公益法人大形第1自治会

つうくり市民会議（通船川・栗ノ木川下流再生市民会議の略称）

世話人会
- 関連4市民団体
- 流域内3企業
- 流域16自治体

- 流域住民
- 再生検討作業部会（事務局）
- 大学

通船川・栗ノ木川下流再生検討委員会
- 新潟市土木部
- 新潟県河川課
- 新潟県土木部事務所

- 基本的考え方を提示
- 会議場の提供
- 情報提供
- 川づくり案を提案
- 専門家の委託費用
- 費用

連携・人材共有
情報交換

- 花筏（流域農家—市民—企業—商店）

- 「通船川ニュース」発行
- ウォッチング
- クリーンアップ
- シンポジウム
- イベント等の活動
- 調査・研究・指導活動

- 「つうくり通信」の発行
- 河口ワークショップ開催
- 市民フォーラム アンケート等

相互連携

市民による川の維持管理、運営とその推進母体 ←協力→ 再整備事業化

1 官民協働による通船川再生事業の取り組み　85

2 湖と森と人を結ぶ霞ヶ浦アサザプロジェクト

飯島　博（霞ヶ浦・北浦をよくする市民連絡会議　事務局長）

2-1 流域の産業や教育と連携することで広域的で継続的な水環境保全の実現

　アサザプロジェクトはタイトルにある通り「湖と森と人を結ぶ」ことで、湖と流域全域を対象とした総合的な水環境の保全と再生を行う取り組みです。その基本的な戦略は、湖が有する自然の力を生かすこと、それから、地域の産業や教育といった社会活動に環境保全の機能を組み込むことで、湖と流域全体での取り組みの展開をはかることにあります。

　取り組みの具体的な内容は、以下のとおりです。

2-2 アサザを生かした湖の再生事業・環境教育の展開

　湖に自生するアサザ（ミツガシワ科）という水草群落がもっている波を和らげ浅瀬を作る働きを生かすことで、湖で激減したヨシ原等の植生帯の再生を行います。アサザ群落を湖の中に再生するために、市民が里親になってアサザを家庭や学校で育てています。

　このアサザの里親の大半は流域の小学校で、1999年7月までに121校が参加しています。学校では、アサザの栽培に先立ち湖の自然環境やアサザプロジェクトの内容についての授業を行います。このように流域の9割以上の小学校がアサザプロジェクトを授業の中に取り入れて活用しています。最近は、湖に育てたアサザを植え付けに来る学校も多くなっています。

小学生によるアサザの植え付け風景

2-3 湖と水源を結んだ再生事業の展開

　植え付けたアサザが十分に湖底に根を張り波よって流されなくなるまでの間、波からアサザやヨシなどを保護するために、粗朶沈床という伝統的河川工法を活用します。この粗朶沈床を造る材料は、流域の森林を手入れしたときに出る間伐材や粗朶（雑木の枝）を使います。この粗朶沈床の採用によって、湖の再生と水源の森林の再生が同時に実施できるようになりました。市民が提案した粗朶沈床は、現在建設省霞ヶ

粗朶沈床の材料を水源地の一日きこりで切り出す市民

浦工事事務所が公共工事として湖に設置しています。また、これに使う間伐材は流域の森林組合と工事事務所を市民団体が結び付けて、流域の森林管理を実施したときに発生したものを活用するようにしました。

2-4　流域に新しい産業をつくる

　間伐材はスギやヒノキといった針葉樹で、丸太にして粗朶沈床の枠に使います。流域のスギ・ヒノキ林から間伐材を供給する体制は既存の森林組合との連携によって出来上がりましたが、枠の中に詰め込む粗朶を供給する体制をつくることが出来ませんでした。流域では雑木林（広葉樹林）を利用する産業や暮らしがすでに失われて久しいからです。

　そこで、アサザプロジェクトに参加していた自営業や企業関係者に参加を呼びかけ、流域の雑木林を手入れしながら粗朶を生産出荷する産業組織をつくることになりました。この霞ヶ浦粗朶組合には、建設業、建築業、製造業、飲食業、サービス業などの様々な業種が参加して結成されました。現在、年間10万束の出荷、100haの森林の管理を目標に事業を展開しています。このように自ら資金を確保しながら、継続的に森林の保全活動を行っていく体制ができつつあります。これらの産業と連携して、ボランティアによる森林管理（一日きこり）を流域各地の森林で実施しています。

アサザプロジェクトから生まれた企業「霞ヶ浦粗朶組合」による森林保全活動の現場

2-5　水田と流入河川を湖の再生事業に連携させた取り組み

　流域面積の2割を占める水田は、湖の水循環を維持する上で重要な位置付けにあります。湖の再生で水田環境の保全は重要です。しかし、近年流域では休耕田が急増して問題化しています。そこで、休耕田を活用して、野生生物の生息地「ビオトープ」を造る取り組みを展開しています。1999年から湖に面した石岡市で休耕田をビオトープとして、湖で絶滅に瀕しているオニバスなどの水草を保護増殖しています。また、これらの休耕田に、

ビオトープとして活用されている休耕田

近くを流れる流入河川山王川から水を取り入れて、ここを通して再び川に水を戻すことで、水質浄化を実施してます。山王川は市街地を流れるため水質汚濁が深刻化しています。
　山王川は典型的な都市河川で、三面コンクリート張りの自然が失われた河川です。この河川にも自然を取り戻し、水質浄化を行おうという取り組みを石岡市と共に実施しています。河川に植生を復元するために、流域の石材組合から使い道のない廃石材（花崗岩）を供給してもらい、これを河川内に設置してコウホネやヨシなどの植え付け場所を造りました。
　また、植え付けに使うヨシなどは、霞ヶ浦工事事務所が山王川河口（霞ヶ浦）でビオトープを造成していたときに掘り出された株をそのまま上流側に運んで市の工事に使うようにしました。建設省と石岡市を連携させ、全体の計画を立案したのは市民団体です。

2-6　湖再生の拠点となるビオトープを建設省や市町村と連携して造る

　1998年に潮来町に面した湖岸にビオトープ「水郷トンボ公園」を、市民が企画、設計して霞ヶ浦工事事務所と町、地元企業関係者、市民が協力して造成しました。この約1haのビオトープには流水や浅い湿地など多様な水環境を造り、湖で絶滅に瀕している水生植物を保護増殖しています。また、ここは在来魚やトンボの生息地になっています。ここで、増えた水草はアサザプロジェクトが湖各地で実施している植生復元に活用します。
　同じく、石岡市に面した湖岸にも約2haのビオトープを市民と行政の連携により造りました。これも、市民が企画・設計をして流入河川や休耕田など周辺での取り組みと一体化した施設となっています。
　これらは、いずれも水質浄化施設としても活用されています。

市民と行政が共同でつくった水郷トンボ公園（潮来町）

2-7　漁協と共同で実施するヨシ原再生事業

　漁協と共同で、湖にヨシ原を再生する取り組みを実施しています。再生に使うヨシなどの抽水植物は湖に連続した農業排水路に繁茂したものを取り出して使います。農業排水路では、とくに素堀の場合は定期的に繁茂したヨシなどを取り出す管理作業を行わないと水の通りが悪くなってしまいます。わたしたちは水路の管理を兼ねてヨシなどを取り出し、湖に植え付ける作業を漁協と共同で実施しています。
　高齢化や人手不足で水路の管理ができないために、三面コンクリート張りの水路が増えていますが、このような形で農業排水路の管理に協力することで、メダカなどの生息地保全や水質浄化に有効な素堀の水路を維持することをはかります。

2-8　保全生態学の社会的実践

　アサザプロジェクトは湖と流域全体で実施する環境保全・再生事業です。これまで述べてきたように、プロジェクトでは様々な取り組みが行われます。また、このプロジェクトは100年間の長期計画です。

　このようなプロジェクトを実施するには、常に個々の取り組みが環境に及ぼす影響や効果を把握して、それらを次の計画に生かしていく柔軟な対応が求められます。そのため、アサザプロジェクトでは保全生態学などの研究者と共同で、事業を生態系レベルの実験として捉え、検証を繰り返しながら進めていく体制をつくっています。

2-9　アサザの里親制度から市民による流域管理への展開

　霞ヶ浦では、1970年代から水質の汚濁が深刻化しています。原因としては、護岸工事によって湖のヨシ原は以前の半分以下にまで減少し水生植物群落が壊滅状態となったため、湖の自浄力が失われたことがあります。また、同時に、流域での開発が進み水源である森林が減少し、都市排水の湖への流入量が大幅に増加したことがあります。森林面積は流域面積の2割にまで減少していて、健全な水循環を維持するために流域の森林保全は急務となっています。

　このような背景から行政による水質保全策にもかかわらず、湖の水質汚濁は一向に改善の傾向が見られない状況が続いています。市民も行政も、これまでの個別的な取り組みへの限界を意識するようになりました。既存の枠組みを越えた湖と流域全体を視野に入れた総合的な水環境保全の必要性を誰もが感じるようになりました。

　そのような課題を意識して、アサザプロジェクトは1995年に市民の提案によって実施されることになったのです。

　アサザプロジェクトは当初から地域の人的・社会的ネットワークに環境保全機能を戦略的に組み込むことで、広域的かつ継続的な取り組みにすることを目標に進められてきました。どのような取り組みであれ、広大な湖と流域全体を動かすものでなければ、湖の水質改善も自然環境の再生も実現できないと考えるからです。

　1995年はまずアサザの里親を募集から開始。1年目は200人が参加して、春から育てたアサザを夏に湖に植え付けました。しかし、このとき植えたアサザは波で流されてしまい失敗に終わりました。そこで、流域の森林保全作業で発生する間伐材や粗朶を活用する粗朶沈床を、植え付けたアサザが十分な大きさの群落をつくるまでの間、波からアサザやヨシを守るために設置することにしました。

　1995年秋に、森林組合と漁協の協力を得て湖に小規模な粗朶沈床を市民の手作業で設置する実験を行いました。その翌年には、霞ヶ浦工事事務所も粗朶沈床を採用するようになり、市民団体が仲介をして湖を管理する霞ヶ浦工事事務所と水源を管理する森林組合の連携をつくり、間伐材の湖の再生事業への活用を実現しました。

　1997年から大規模な粗朶沈床の設置が公共工事として実施されるようになり、流域の森林保全を計画的に実施する体制が整いました。

1999年秋には、粗朶（雑木の枝）を粗朶沈床の材料として供給し、流域の雑木林を保全管理するための「霞ヶ浦粗朶組合」がアサザプロジェクトに参加している自営業者や企業関係者によって設立されました。

　湖の再生事業を進めるための拠点となるビオトープ第1号が、1998年春に潮来町の湖岸に完成しました。この「水郷トンボ公園」は、生物の生息地と水質浄化を兼ねた施設で、市民が企画・設計して行政と市民、企業、学校などが共同で作り上げました。

　1999年夏には、このトンボ公園で増殖に成功した湖に自生する沈水植物を使って、湖に藻場を再生させる事業を漁連と共同で実施しました。藻場造成に使うゴロ石は、流域の石材組合の協力を得て、廃石材（花崗岩）を活用しました。

　この廃石材の活用は、1998年に石岡市が流入河川山王川で行った植生復元工事が最初で、この工事の企画・設計は市民が行いました。

　2000年2月には、ビオトープ第2号が山王川の河口部に造成されました。このビオトープの企画・設計も市民が行いました。ビオトープ予定地は、もともと植栽したヨシによる水質浄化施設があった場所でしたが、施設完成後数年でヨシ原に土砂がたまり陸化してしまい水が流れ込まなくなったので、水質浄化機能を失っていました。

　ここを再び湿地として生物の生息地や水質浄化ゾーンとして活用するために、ビオトープの工事ではヨシなどを掘り取ることにしました。そこで、掘り取ったヨシなどをそのまま山王川の上流側に運び、石岡市が行っている植生復元工事に利用することにしました。ビオトープの工事を行う霞ヶ浦工事事務所と山王川植生復元工事を行う石岡市を、市民団体が連携させることで実現した取り組みです。市民が公共事業を連携させることで効率的になり、より大きな効果を地域に及ぼすことができます。

　山王川では、1999年春から周囲の休耕田を活用したビオトープづくりが市民の手で進められています。汚濁した山王川の水を休耕田のビオトープに引き込み、ここを通して浄化した水を再び川に戻すという仕組みです。休耕田ビオトープでは、オニバスなどの湖で絶滅に瀕している水草の保護増殖も行っています。

　アサザプロジェクトでは、湖の水源部にある谷津田（谷戸）を保全するために、休耕田のビオトープ化や流域の蔵本と連携した酒米の栽培などを計画しています。

　流域の小学校の9割以上がアサザプロジェクトに参加していますが、アサザの里親以外にも、地域のメダカを保護する「メダカの学区制」や学校ビオトープの設置による「霞ヶ浦流域トンボネットワーク」などの取り組みが進められています。

　アサザプロジェクトには、1999年9月現在3万6千人の流域の市民が参加しています。

2-10　多様な分野の連携をつくる主役は市民

　これまで述べてきたように、アサザプロジェクトは地域の産業や教育などの社会活動と連携することで、広域的で継続的な取り組みの実現をめざしています。自然保護や環境保全が地域に新しいネットワークをつくり上げ、地域の活性化につながるような仕組みづくりに努めています。

　市民がコーディネーターや仲介役になって、これまでつながりの無かった水源と湖の組織（例、

森林組合と霞ヶ浦工事事務所）を結び付けて、効率的で効果的な事業の展開が実現しています。また、粗朶組合のように、市民が核となって異業種間の交流をつくり、流域に新しい産業をつくり、広域的な森林保全と同時に雇用の創出といった社会的効果も生みだしています。

　このように、アサザプロジェクトでは市民活動が湖と流域全体を視野に入れて、取り組みを総合化するために多様な組織の連携をつくり上げています。様々な人々が複雑に関わる霞ヶ浦の保全には、個々の組織をつなぐ市民活動の役割が極めて重要です。

　それと同時に、アサザプロジェクトでは、大学などの研究機関と共に、事業の影響や効果を把握するためのモニタリングを行い、その結果をその後の事業に生かしていくやり方で進められています（生態系の順応的管理）。アサザプロジェクトは生態系レベルの社会的実験であり、そこで明らかになったデータは、保全生態学などの研究の発展に生かされます。アサザプロジェクトは、科学と社会の新しい関係を模索する取り組みでもあります。

2-11　取り組みの成果および課題

　アサザプロジェクトは、湖と森と人を結ぶ霞ヶ浦再生事業として、文字通り湖と流域全体を被う取り組みへと発展しています。今後は、このような広域で総合的な取り組みを維持するために、組織の充実（人材育成と資金確保）をはかる必要があります。企業などのより幅広い連携を地域に作り上げていくことが重要です。

❏ 取り組みにおける関係者模式図

作成：(財)リバーフロントセンター
参考図書：よみがえれアサザ咲く水辺〜霞ヶ浦からの挑戦、鷲谷いづみ・飯島　博著、文一総合出版

3 旭川流域ネットワーク(AR-NET)と旭川流域連絡協議会

竹原　和夫（AR–NET事務局・岡山おもしろ倶楽部代表）

3-1　旭川源流の碑と旭川流域ネットワーク

（1）河川環境の共同点検と意見交換会

　建設省岡山河川工事事務所が、共同で河川の環境点検を行い意見の交換をと、旭川の流域で河川に係わる活動をされている団体に呼び掛け、10団体の皆さんが参加した現地点検が平成9年7月29日に行われました。

　この現地点検により河川管理者の視点では気の付かない指摘があり、河川管理者より民間の方々が河川というものをとても幅広く捉えていることが分かりました。

　点検後の意見交換会で、「流域の人々がもっと旭川に感心を持って、川を大切にするという意識を持つための行動をする必要が有る」という意見と、このような「意見交換会」を今後も是非実施して欲しいという要望がありました。

　この「川に関心を」という意見に対し、「旭川源流の碑」を建立してはどうかという提案があり、実施するための実行委員会の発足と、もっと多くの方の参加を得て「意見交換会」を開催することが約束されました。

（2）運ぼう！建てよう！旭川源流の碑

　源流の碑の建立のため発足した「運ぼう！建てよう！旭川源流の碑」実行委員会は、岡山河川工事事務所に事務局が置かれ、省コスト、省エネルギー、誰でも参加できる方法でより多くの人に旭川に感心を持って頂くことが検討された結果、リヤカーで河口から源流まで運ぶことになりました。

　仲間集めを始めると、林業を営まれている方から樫の木で作られた源流の碑の原木が届き、リヤカーがあるので使ってくれという申し出もあり、川上村の人達から建立を引き受けるという連絡や、岡山市立内の小学校の児童が書いた上流の皆さんへのメッセージも運ぶことも決まりました。

　旭川源流の碑のリヤカーでの運送は、原則として日曜日に町村単位を一日の行程としてリレー式で下流の町のグループがその上流の町まで運ぶことになり、9月6日に旭川の河口を出発し、受け入れた各地で催し等が開催されながら142kmの道のりを50日かけて運ばれ、10月26日に川上村の竜王が池の湧き水の側に建立されました。

運ぼう！　建てよう！　旭川源流の碑

（3）旭川流域ネットワークの発足

　建立される前日の10月25日には、実行委員会と川上村、建設省との共催で、「旭川流域の未来と私たちの役割」をテーマに、旭川流域交流シンポジウムが開催されました。

　このシンポジウムの基調講演で、多摩川センターの副代表の山道省三さんに、「自分達で川をどうにかしようという行動を起こすこと」と、「流域単位の活動」が必要であるというお話をして頂いた。

　シンポジウムに引き続いて行われた分科会で、「源流の碑の建立に参加した方々のエネルギーや思いをこれで終わりにするのでなく、これを出発点として「旭川流域ネットワーク」を発足させようということになり、事務局は自活できるまでの間ということで、建設省岡山河川工事事務所に支援して頂くことになりました。

　こうして旭川源流の碑の行事に参加した38団体で、旭川流域ネットワークが発足することになり、最上流、上流、中流、下流の4つのブロックに分けて、旭川流域ネットワークの活動内容や運営方法が検討され、AR-NETの活動が始まりました。

3-2　旭川流域ネットワークの組織と活動方針

（1）組織と活動方針

　活動は個々の団体の活動を基本とし、その活動情報を伝達する情報ネットワークという位置付けとし、流域が一体となった活動も実施しようということになりました。

　運営は、地域ごとに会合等の連絡をする世話人を選び、世話人会を設けて地域内、全体の意思決定等を行うことにしました。

　団体の活動内容は、「ふるさとの川とともに生きる」というテーマで、河川に関わるものと限定せず、流域の文化や歴史を含む流域の情報発信が出来るものを対象とし、「流域の自然・歴史・文化」と「人の暮らし」を「ふるさと」とし、「川」を「地球を循環する水の通り道」として、流域という水を共有するエリアで、このすばらしい環境を子ども達に引き継ぐための活動をしようというとになってきています。

（2）具体的な活動

① AR-NETNEWS・流域の情報共有と情報発信

　流域の情報をみんなで共有するための手段として、事務局に送られてくる構成団体の様々な行事等の情報をまとめ、加入団体にFAXで一斉送信するAR-NETNEWSが平成10年1月から配信され始め、現在ではE-mailにより全国の河川関係団体や、行政機関等へPDF版の配布も行われています。

　最近では、要望のあった報道機関へも配信されており、今年2月末までに90号が配信されています。

　また、AR-NETNEWSは、事務局が岡山河川工事事務所に在ることから河川管理者等行政が発信する情報も掲載され、紙面上でQ＆Aも行われていることから、民間と行政との双方向の情報ツールとして機能し始めています。

行政にとっても旭川流域の様々な行事や活動内容が入手出来ることや、河川に関心を持つ人に直接情報を発信できるメリットは大きいと考えます。

② 流域が一体となった活動

・旭川源流の碑の建立

　旭川はたくさんの支川が合流して流れています。旭川をもっといい川にするには、一つの源流を大切にするだけでなく、すべての源流から河口までを大切にする必要があります。

　川上村に碑を建立した翌年の平成10年8月に、新庄村の団体がARネットに加入し、新庄川の源流に旭川源流の碑を建立したいと提案し、二本目の旭川源流の碑は、途中岡山での被災は戦後最大級といわれる台風10号の濁流を傍目に、64団体で運ばれ11月8日に建立されました。

　平成11年は、中和村のグループから山乗渓谷に旭川源流の碑を建立したいと申し出があり、三本目の碑は12の市町村で中継されながら73団体で運ばれ、10月10日に美甘村の山乗川の源流に建立されました。

　平成12年は、10月に美甘村の鉄山川に建立されることになっています。

　この行事は、あくまでAR-NET独自の催しですが、流域の行政の行うふるさとまつりや、町民運動会など様々な行事とタイアップして、PR効果を上げています。

・流域交流シンポジウムの開催

　行政と民間が一緒になって流域のことを考え、話し合おうという位置づけで始まった旭川流域交流シンポジウムは、旭川源流の碑の建立前日に開催することで定着しています。

　平成10年度は、旭川流域でも猛威をふるい大雨による土砂崩落で死者が出たり、水道本管が橋梁と共に流失して町中が断水するという事態も発生した、台風10号の際の水防関係情報を例に、行政はどんな情報を誰に流しているのかについて説明を受け、流域の住民の知りたい情報が、必要なタイミングで発信されているかについて議論が行われました。

　この結果、「水位に達する」と言った専門的な言い回しでなく、「放水路に水が流れ始めます」と言った具体的な情報が必要であるという行政に対する提案や、AR-NETの近接する地域の仲間との情報連絡により、災害状況の把握と伝達、そして被災時にどこで何が必要なのかという情報を連絡しあってボランティア支援の情報ネットワークとして機能すべきという方向が出されました。

　また、平成11年度は、メンバーで構成する旭川博士が子ども達のふるさと・川学習を支援し、上下流の学校間で情報や意見を交換する「子ども達の交流学習」、清流ワークショップで実施した「体験交流合宿」をふまえて、地域と学校、行政が一体となって、「ふるさとの川とともに生きる子ども達」を育てることについて議論を行いました。

　このシンポジウムでは、地域の大人達が魅力あるふるさとのことを知ることの

'99旭川流域交流シンポジウム

大切さや、今後もAR-NETと旭川流域連絡協議会が一緒になって、交流学習・体験交流合宿を支援することが確認されました。

3-3　旭川流域連絡協議会と旭川清流ワークショップ

（1）旭川流域連絡協議会の発足

　いい川づくり・流域づくりのためには、流域の行政との相互協力が不可欠であることから、AR-NETと行政側で意見交換をしたり提案を行い、行政との連携によるいい川づくり・流域づくりも活動の中に盛り込んでいました。

　そして、河川法の改正等の趣旨が地方行政の窓口に浸透していないこともあり、流域の市町村と河川管理者で構成する行政のネットワークが必要であるとしてその発足を河川管理者に呼びかけました。

　この申し出に対して、岡山河川工事事務所と岡山県河川課が協議し、県の出先機関である地方振興局単位で市町村の方々に集まって頂いて説明会が開催され、平成10年7月31日に流域の23市町村と岡山県、岡山河川工事事務所により構成される旭川流域連絡協議会設立準備会が発足しました。

　準備会では、河川法改正や、五全総に盛り込まれている流域単位での総合施策、上下流意識、上下流交流の推進等の方向性や、情報公開法の制定についても説明があり、開かれ、説明の出来る河川行政のあり方、流域の方々との協働による「地域づくり」「川づくり」を進めるための組織にするための規約等の検討を幹事会で行うことになりました。

　また、「清流ワークショップ」を、平成11年度にAR-NETと共同で旭川で実施することも検討されました。

　旭川流域連絡協議会の発足は、台風10号の災害復旧等のために翌年になり、平成11年3月23日に発足しました。

（2）'99旭川清流ワークショップの開催

　旭川流域連絡協議会の発足と同時に、協議会に「旭川清流ワークショップ実行委員会」が設けられ、AR-NETから提案されていた企画案をベースに作業部会を設けて具体的な実行計画を詰めることになりました。

□ '99旭川清流ワークショップとして実施した行事

- ○百間川フェスティバル（4月29日）
- ○旭川流域一斉水質調査（5月16日）
- ○子供達の交流学習「ふるさとの川とともに生きる」（6月上旬～8月8日）
- ○運ぼう！建てよう！旭川源流の碑（中和村7月4日～10月10日）
- ○流域パネル展（8月1日～10月10日）
- ○古代たたら（8月4日～8月8日）
- ○子供達の体験交流学習（8月5日～8月8日）
- ○清流研究会研究発表会（8月6日）
- ○旭川清流文化祭（8月6日）
- ○シンポジウム「ふるさとの川とともに生きる」（8月7日）
- ○田舎芝居・鹿田代官（8月7日）
- ○旭川流域交流市（8月8日）
- ○旭川淡水浴場（8月29日）
- ○旭川流域交流シンポジウム（10月9日）

各地域のAR-NETのメンバーは、この作業部会に参加し、行政と共同で実施に向けてより具体的な計画を詰め、年間を通じた流域全体に渉るたくさんの行事を共同でまとめこれを実施しました。

　この作業を通じて行政側と民間との顔合わせができ、協働関係が構築できたことはとても有意義であったと考えています。

3-4　河川行政に関する意見交換会

　清流ワークショップの行事が全て終わってから、流域の各地域単位で、川を取り巻く様々な課題について、AR-NETと河川管理者等とで前向きな意見の交換をということになり、11年12月21日に、下流域においてAR-NETと旭川流域連絡協議会のメンバーによる河川行政（河川管理）に関する意見交換会を行いました。

　まず、「河川管理者は河川の何を管理しているのか」という問いに対して、河川管理者サイドから説明を受けた上で、ゴミや放置車両のこと、桜の木の河川敷への植樹のことなど日常の河川に係わる具体的な様々な事案に対して意見交換が行われました。

　ここでの議論では、河川管理者は規則の読み上げに終わった感がありましたが、現実に河川で起こっている違法な事実を解決するための施策について理解できる説明が無かったことから、原則論と現実に起こっている問題とのギャップが大きいことが分かりました。

　そこで、AR-NETから、放置車両等は出来るだけ早く河川敷から持ち出し、それから所有者等の調査を行うべき等、具体的な改善のための提案も出されました。

AR-NET（下流域）と旭川流域連絡協議会との意見交換会

3-5　成果と今後の課題

　AR-NETの3年間の活動を通じて、河川に係わるたくさんの人々から様々な情報が集まり、河川管理者と一般市民とでは「川」というものを捉えるときの考え方に相当の差があることが分かりました。

　このギャップをお互いが認識し、話し合うことを続けることの必要を強く感じています。

　このような活動の内容を図式化したのが次のチャート「旭川流域ネットワーク」です。

Asahi Riverbasin Net-Work
旭川流域ネットワーク

ネットワーク構成団体の活動状況、河川に関する情報の等様々な情報を、AR－NETニュースにまとめFAXやE-mailで配信します。

メンバーの設けたインターネット上の会議室で意見交換を行います。

AR－NETニュースの配信

インターネット会議

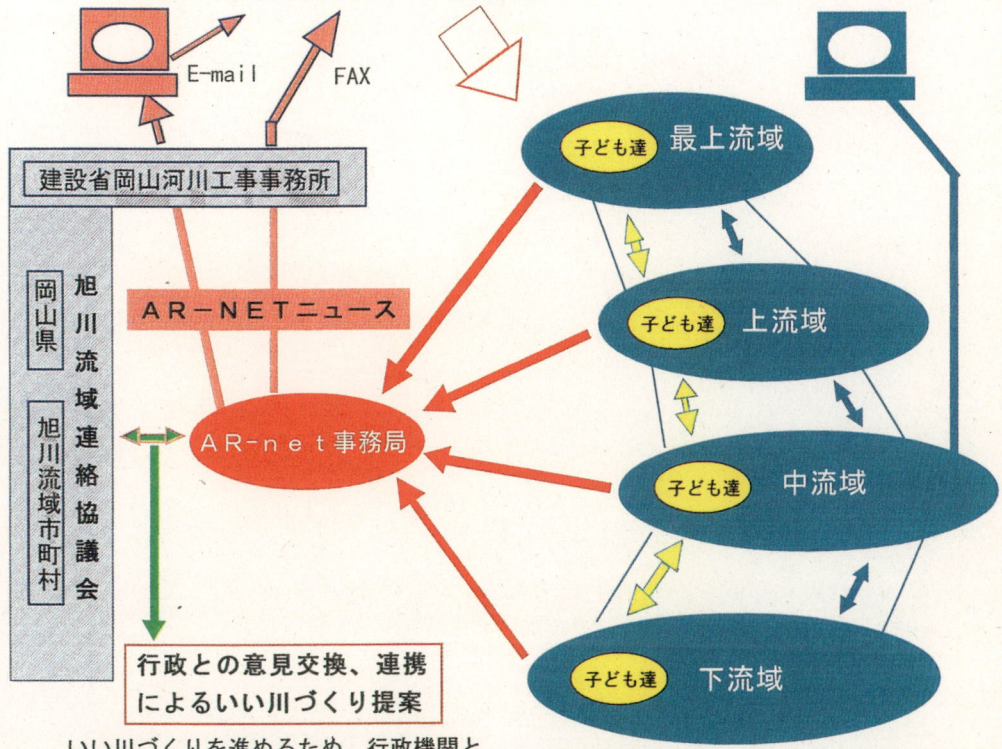

[岡山県｜旭川流域連絡協議会｜旭川流域市町村]

建設省岡山河川工事事務所

AR－NETニュース

AR-net事務局

子ども達 最上流域
子ども達 上流域
子ども達 中流域
子ども達 下流域

行政との意見交換、連携によるいい川づくり提案

いい川づくりを進めるため、行政機関と意見交換をし、必要な提案を行います。「河川遊歩道」「川の駅（仮称）」や旭川の総合的な情報発信の拠点としての「旭川センター」についても提案をします。

流域が一体となった活動

旭川源流の碑の建立等構成団体が一体となって流域全体に係わる行事を実施します。

活動報告・勉強会・シンポジウム等の開催

旭川流域交流シンポジウム等、活動状況の報告会や講師を招いての勉強会、意見交換会を開催します。

子ども達の交流学習

ふるさとや川に関する学習を通じた子ども達の交流を支援します

旭川流域ネットワーク（AR－NET）事務局
〒700-0914　岡山市鹿田町二丁目４－３６　建設省岡山河川工事事務所内
TEL 086-223-5101　FAX 086-222-7835　e-mail:okakawa1@cg.moc.go.jp

4 全国水環境交流会

山道　省三（全国水環境交流会　事務局長）

4-1　経　緯

　平成5年（1993年）、全国で活動する川や水に関わる市民団体に呼びかけ発足しました。

　健全な水循環を保全、回復するためには、さまざまな立場や意見の持ち主が自由に交流するコミュニケーションの場づくりが重要との認識のもと、緩やかな全国ネットワークとして結成されました。

　主な活動としては、各地域の活動に対する情報、人材等による支援、全国大会の開催（年1回地域持ち回り）、「川の日」ワークショップ（年1回、計2回）への協力、参加等があります。

　運営は、主として、地域と全国の活動を結び、調整する役割を持つ全国コーディネーター会議により行われているます。資金は、各種助成金の申請により維持されるとともに、事務局を設置しています。

4-2　目　的

　水環境に関わる「産・官・学・野(市民)」の幅広い人たちが交流し、ノウハウや情報の交流を行い、水環境の保全と創造に資することを理念として、

　　① 人と情報のネットワーク　　　　④ 水環境をとりまく多様なテーマ
　　② 合意の形成に向けて　　　　　　⑤ 産・官・学・野(市民)の複合的交流
　　③ コミュニケーションの場づくり　⑥ 積み上げ型のしくみづくり

を目的としています。

4-3　組　織

　全国事務局は東京に設置し、全国を北海道、東北、関東、中部、北陸、東海、近畿、四国、中国、九州・沖縄の10ブロックに分け、それぞれの地域が地域ネットワークを構成するための活動支援を行っています。各地域には、全国コーディネーターがいて、全国と地域の交流・調整を行っています。

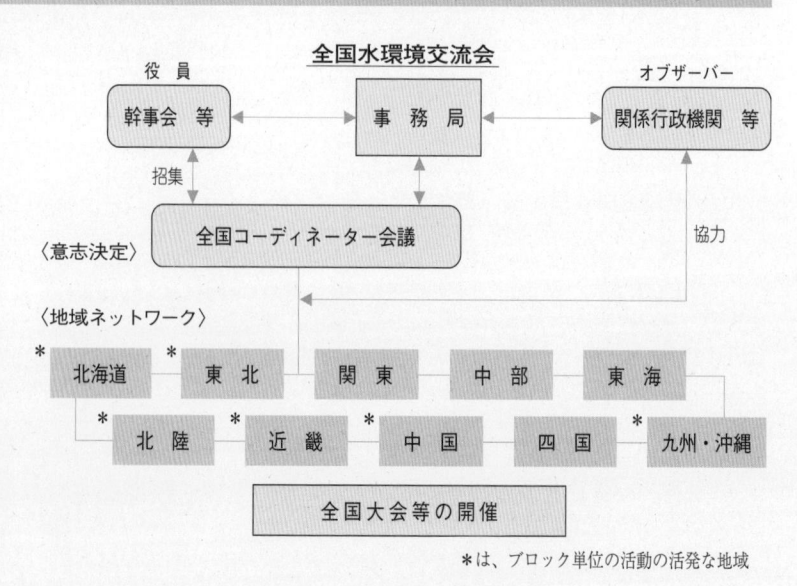

＊は、ブロック単位の活動の活発な地域

各地域では、リバースクール、地域Eボート大会、観察会等が、各県持ち回りのシンポジウムが独自に行われています。各地域のネットワークでは2000年3月現在、4地域でNPO法人格を取得しています。また、オブザーバーである行政機関は省庁横断交流会の開催や、全国および地域の活動への参加を通じて情報交流を行っています。

4-4　議論・交流のルール

さまざまな地域や分野の人たちとの有意義な交流を図るため、ルールを設定しています。

3つの原則
1. 自由な発言
2. 徹底した議論
3. 合意の形成

7つのルール
1. 参加者の見解は所属団体の公式見解としない
2. 特定個人・団体のつるしあげは行わない
3. 議論はフェアプレイの精神で行う
4. 議論を進めるにあたっては、実証的なデータを尊重する
5. 問題の所在を明確にした上で合意をめざす
6. 現在係争中の問題は、客観的な立場で事例として扱う
7. プログラムづくりにあたっては、長期的に取り扱うものと短期的に取り組むものを区分し、実現可能な提言をめざす

（みずみどり研究会、1994年）

日常的なコミュニケーションは、E-mailやホームページの開設、全国水環境交流通信誌の発行及び各種発行物の交換等により行い、全国コーディネーター会議は年に2〜3回、東京を中心として行われています。

4-5　これまでの全国大会・テーマ及び開催地

第1回　「水コミュニケーションネットワークの形成」（'93年7月、埼玉県草加市）
第2回　「水環境ここ10年の検証と今後」「流域の視点から水環境を考える」（'94年10月、千葉県柏市）
第3回　「水環境21世紀への課題」「流域の視点から水環境を考える」（'95年9月、静岡県静岡市）
第4回　「水の恵み得るもの、水への恩返し」（'96年11月、大阪府枚方市）
第5回　「みんなで考えよう！新河川法」（'97年11月、宮城県石巻市）
第6回　「山から海までひとつながりの流域環境を考える」（'98年10月、北海道北広島市）
第7回　「21世紀水環境の扉 ― 川から地域へ！ ― 」（'99年6月、東京都渋谷区）
第8回　2000年9月、新潟県で開催予定
第9回　「ゆっくり時間をかけた川づくりは可能か？　川づくりに21世紀の扉は開いたか？」
　　　　（'00年10月、新潟県新潟市）

1999年の6月と7月、全国水環境交流会が主催、共催する全国大会が続いて行われました。

6月の大会は、「第7回　全国水環境交流＆シンポジウム in Tokyo」で、2日間行われました。テーマは、『21世紀水環境の扉 ― 川から地域へ！― 』と題し、今日、川づくりの現場で住民がどのような視点、立場で参加するのかをさまざまな角度から議論しました。

　ちなみに5つの分科会はそれぞれ、

　　① 河川管理におけるパートナーシップ　～河川整備計画の進め方を議論する～
　　② 川並み保全と地域の合意形成　～どんな川を21世紀に継承するのか？～
　　③ 水系の生物多様性保全　～田んぼから海へ、生物学的水循環の保全・回復のために～
　　④ NPOと市民事業　～新たな川の活用・活性化を図るために～
　　⑤ 21世紀の連携交流　～流域・広域・川まち連携と異分野連携のすすめ～

でした。また、川から地域への水循環を意識して、環境庁、文部省、国土庁、経企庁、厚生省、建設省の担当者による省庁横断型の討論も行われ、全国から350名程の人達が集まってきました。

　7月のもうひとつの全国大会は、第2回「川の日」ワークショップです。この「川の日」というのは、建設省が任意に定めた毎年7月7日を記念日とするもので、全国で住民参加型の行事が行われます。この日を記念して、昨年からワークショップを官民共同型ではじめようという事になっいました。

　どういう事をやるかというと、全国から"いい川"及び"いい川づくり"を公募し、公開審査をして表彰しようとするものです。"いい川"とは地域の人たちに親しまれ、どちらかといえば保全したい川と言えます。これは、主に地域住民からの応募となるります。一方、"いい川づくり"は、近年河川環境を重視した整備が行われるようになりましたが、その内容を主に河川管理者が応募し、同じテーブルで議論する事になります。そして、お互い"いい川"のイメージを共有し、これからの川の保全、整備のあり方を考えようとするものです。

　今年、71件が応募され、2日間にわたって、360名程の人たちが熱心に公開審査に参加しました。審査結果は、入賞9件で、その中から"いい川"、"いい川づくり"部門それぞれ1件がグランプリに選ばれた。"いい川"部門は新潟の通船川の活動、"いい川づくり"部門では九州城原川の整備でした。

4-6　各地域の活動状況

《北海道》

　北海道の「水環境北海道」は既に1999年4月、NPO法人格を取得し、正式な事務局体制を確立しました。この会の活動は、1993年から始まっていますが、川の勉強や体験を目的とした「千歳川・かわ塾」の開催、Eボート協議会等による交流、全国大会の主催（1998年）、雪中植林による緑化活動、さらにはNPO支援商品の開発等、先駆的な活動を行っています。さらには、北海道の地理的条件から、ロシア、サハリンとのボートによる交流まで活動エリアを広げつつあります。

《東　北》

　水環境ネット東北は、北上川を中心にした活動母体があり、ここでも川下りや川の観察会など日常的活動から、北上川リバーマスタースクール、貞山運河懇談会、東北各県での持ち回りシンポジウム（1994年～）など、多彩な活動を行っています。この北上川流域にもすでに流域の2団体

がNPO法人格を取得しています。

　リバーマスタースクールは、北上川下流部を中心に毎年講座が開かれ、全国の中でも充実したスクールとなっていて、北海道や他の事例とネットワークしつつ全国展開を図ろうと調整段階に入っています。1999年の8月末、「川に学ぶシンポジウム」が建設省や自治体との協力で岩手県で開催されました。

《信　越》

　この地区では、新潟を拠点として活動する「新潟の水辺を考える会」(1987年設立)が多様な活動を行っています。この会は信濃川水系のみならず、阿賀野川や通船川、御祓川地域と講座やワークショップ、全国大会の開催などを通じ、積極的に交流しています。

　中でも、信濃川と阿賀野川を結ぶ通船川を再生するために発足した「通船川・栗の木川下流再生市民会議(つうくり市民会議)」によるパートナーシップ型の再生計画や、信濃川ウォーターシャトル計画などを支援しています。会員も信越地区のみならず、全国的で多彩な人材が参加しています。

　2000年には、NPO法人化を目指しています。

《近　畿》

　大阪、京都、神戸、尼崎、名張等、川や水に関わる市民団体をネットワークした「近畿水の塾」(1997年設立)が、この地区の活動母体のひとつになっています。この水の塾は、1996年近畿地区で開催された"第4回水環境シンポ＆交流会(主催：全国水環境交流会近畿大会実行委員会、於：枚方市)"の後、実行委員の有志が継続的に交流することを目的につくられました。交流は、インターネットによる情報の受発信を行うとともに、各地の活動に対し、側面から支援しています。

　現在、水の塾が中心となって、今年の秋に"「川に学ぶ」in 近畿"開催のため、実行委員会を形成し、勉強会、計画づくり等を行っています。

《中　国》

　中国地域では岡山の旭川の活動が活発であります。旭川では、その源流部に市民による源流の碑を建立するという事で、河口からリヤカーや船で上流に運ぶキャラバン隊を発足させ、通過する自治体、地域住民との交流によって、あっという間に旭川流域ネットワークが形成されました。この活動は3年前から始まったのだが、源流での建立の前日、シンポジウムが開催されたり、清流ワークショップ(1999年)等、ここでも多くの人たちの交流や情報交換、提言が行われています。

《九　州》

　九州水環境ネットワークは、熊本、福岡を中心に活発な活動が行われています。

　このネットワークの主な目的のひとつに、「環有明海構想」というのがあります。有明海は魚介類の豊かな豊穣の海として知られていますが、海苔養殖のための薬剤散布や流入する河川の富栄養化などで汚染が進行しています。この流域河川の環境改善のため、漁民の森の造成、流域一斉清掃、川の学校などが各地で行われています。

　また、各県持ち回りのシンポ＆交流会を開催するなど、九州区分の水に関わる産・官・学・野のネットワークをすすめています。

5　二ヶ領せせらぎ館の市民運営

井田　安弘（川崎・水と緑のネットワーク）

　本稿の主題を記述する前に、川崎市における関連市民活動の一つの集約点として"川崎・水と緑のネットワーク"および"多摩川エコミュージアム構想"の成り立ちについて述べることによって、本題の理解の一助としたいと思います。

5-1　経　緯

　1994年（平成6）川崎市制70周年記念事業の一環として、「夢発進かわさき－地球市民のまちづくり」という基本テーマに沿って「地球市民会議」が開催されました。それは第1部分科会・第2部基調講演・第3部パネルディスカッション・第4部地球市民のまちづくり宣言、によって構成され、川崎市の各界各層から個人・団体・企業を含めて多数の参加者を得ました。（「会議」そのものは95年2月に実施されました。）

　分科会は地域福祉・市民文化・水と緑の3本軸からなり、特に『水と緑』においては、市民にとって川崎の母なる川とされている多摩川に対する関心が高いにもかかわらず、その地理的都市計画的立地条件の結果、多摩川への安全なアクセスが確保されていないために、以下のような改善策 ─ ①道路構造の改善、②適切な信号設置、③堤防へのアクセス、④サイクリングロードの規格の向上、⑤堤防から河川敷そして水辺へのアクセス、⑥早急な改善の要する場所 ─ が提言されました。

　このような提言を行った約20の市民団体は、70周年記念事業の一過性を惜しむ一方、次回80周年を多摩川を中心としたまちづくりとすべく、団体間の情報交換と人的交流を図ることを目的としてゆるやかなネットワークを作り上げることとしました。準備期間を経て1996年7月13日《川崎・水と緑のネットワーク》が結成され、代表には筆者・井田安弘が選任されました。以来、これまで市内域に限定の傾向のあった市民活動は、多摩川という代表的河川を対象とすることによって飛躍的な展開をすることとなりました。新たな情報と交流の波が寄せるなか、"いい川づくり"にかかわる各種団体活動や流域懇談会・流域委員会の議論などにも積極的に参加し、今や右岸を代表する団体に成長しつつあります。

　他方、このような市民の動向に呼応する形で、川崎市においても『水と緑の分科会』の提言を受けて、1995年（平成7）"多摩川エコミュージアム構想"が事業計画として始められることとなりました。同事業の交流紙（通称"エコ・たまがわ"）創刊号第1面には以下のような呼びかけ記事が掲載されました ─ 多摩川は、市民が気軽に訪れることのできる〈いこいの場・レクリエーションの場〉として、また精神的な安らぎやうるおいを与える〈自然との調和の場〉として貴重な都市空間であり、市民にさまざまな恩恵をもたらしています。このような水辺のもつ多様な機能をまちづくりに活かすことによって、川崎をさらに魅力と活気に満ちた都市環境にしていくことが、いま私たちに求められています。そこで川崎市では市民・事業者・行政のパートナーシップにより、うるおいと安らぎのある快適なまちづくりを進めるため、「多摩川エコミュージアム構想」を策定することとなりました ─ このような構想づくりを具体化するために、川崎市企画財政局（現在の総合企画局）を事務局として、構想研究会（構想を協議する場として、学識経験者、市民

団体代表、事業者、建設省、市関連部局の代表者、計23名より構成）・関係市民団体懇談会（市民の意見をまとめる場として、市内の関係市民団体20により構成）・関係事業者および団体懇談会（事業者・団体の意見をまとめる場として、多摩川に関係のある企業や市内の事業者・団体の代表者22名により構成）の3会が組織され、同年11月より翌々年にかけて頻繁な会議が持たれ、徹底的な議論が行われました。

その結果、1997年（平成9）12月に発行された交流紙第4号において、成案を見た「多摩川エコミュージアム構想」が発表されました。それによると ──「多摩川エコミュージアム」は、多摩川をはじめ、市内各地にある自然や歴史・文化・産業遺産などのふるさと資産・遺産を現地にて展示・保全・継承するとともに、それらにかかわるさまざまな取り組みや市民活動なども含めて地域の人々や訪れる人たちとともに楽しみながら学び、これらを将来へ引きついでいこうとするものです。また、「多摩川エコミュージアム」は、ふるさと資産・遺産、発見・散策のこみち、および運営拠点施設・情報センターなどで全体を構成するものとしています。そして、このエコミュージアムは市民・企業・行政のパートナーシップにより計画・管理・運営されるものとしています ── とされている。同時に構想研究会から発展して構想推進委員会（構成員は研究会に同じ）も設立され、さらに、市民による5つのプロジェクトチームも結成されました。

その後の経過で特筆すべき出来事として、1999年（平成11）3月、数年来より実施されていた二ヶ領宿河原堰の改築工事にあわせて竣工した管理所施設の一部が市民に開放され"せせらぎ館"という愛称を得てエコミュージアムの運営拠点・情報センターの役割を担うことになったことです。この施設も、後で述べるようにパートナー方式によって運営されており、企画や計画が今後さらに充実することによって、川にかかわる市民活動にとって他に類を見ない機能を備えることが望まれています。

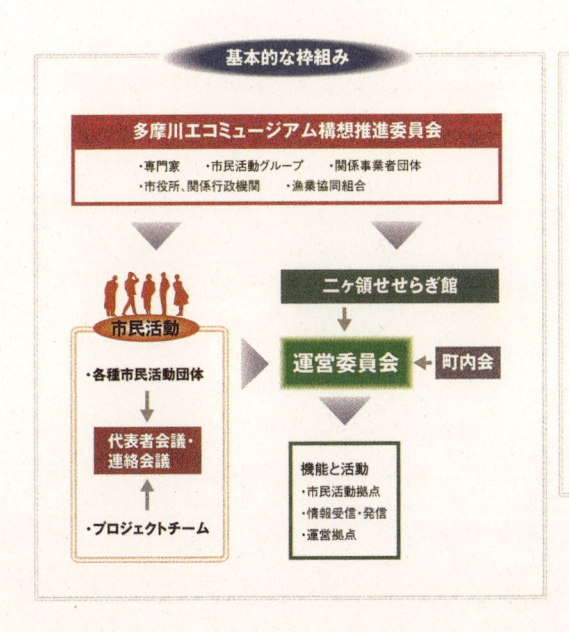

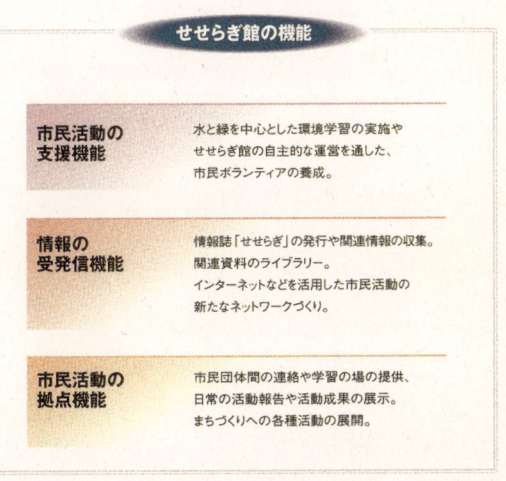

出典：二ヶ領せせらぎ館パンフレット

5　二ヶ領せせらぎ館の市民運営

さて、2000年(平成12)をもって5年目を迎えるエコミュージアム構想は、前年にプロジェクトチームを再編し、あらたに市民団体の代表者会議も発足させて、基本計画案の策定に取り組むこととなっています。他方、建設省の唱道する河川整備計画でも市民参加はますます活発化しているので、多摩川を取り巻く活動は近年になくほとんど国民運動的な高まりを見せていると言っても過言ではありません。このエネルギーは、河川国であるわが国の自然と社会にとって新たに確かな未来を築く契機となるものでなければなりません。

5-2　概　要

　二ヶ領宿河原堰の改築工事は1994年(平成6)に発表されましたが、左右両岸の関係市民団体は相互に連携しながら、同年10月に発注者である建設省京浜工事事務所所長宛に、工事全般にかかわる総括的な要望のなかで、同堰の管理所についても環境や景観の保存の観点から要望書を提出しました。

　工事の進捗にともない、1996年(平成8)より管理所の建設計画が市民団体に打診されたのを受けて、右岸の市民側から、それまで進められてきた建設省の"パートナーシップによる〈いい川〉づくり"と川崎市の"多摩川エコミュージアム構想"の情報・交流センターとしてのモデル的役割を、この管理所が担うべきであるとの提案に基づき、その一部を展示室・会議室・資料室として市民に開放するとともに、身障者対応の屋外トイレの設置を要望し、施設の備品や内装についても市民の要望が大幅に取り入れられ、多摩川の河口から源流にいたるまでの航空写真も床面に設置されました。

　1999年3月27日、いよいよ改築工事全体の竣工式典が挙行されました。これについては市民と行政から合同イベントを企画・実施しようという提案がなされ、公共工事の竣工式としては前例を見ない行事となりました。"二ヶ領せせらぎ館"という名称も公募のうえ最適案が選定されたものです。

　また当日開催された"多摩川シンポジウム"のテーマが「多摩川21世紀の贈り物」であり、このことが当館の未来を占うキーワードであることも付け加えておかなければなりません。

5-3　活　動

　せせらぎ館は、京浜工事事務所長と川崎市長との間で締結された覚書に基づき、パートナーシップによる運営委員会(委員長・井田安弘ほか、委員として地元町会関係者・市民関係者ならびに行政職員など)がその管理運営業務を行うというはじめてのケースに臨んで、関係者はさまざまな制度的な課題に取り組まなければなりませんでしたが、1999年4月18日の設立総会も滞りなく開催され、本格的な活動業務がスタートしました。

　市民と行政のそれぞれの期待を担って、運営委員会は早速《エコ・たまがわ博覧会》に協賛し、《多摩川源流展(中村文明氏撮影)》や《太古からのメッセージ～アケボノゾウの世界(澤井武夫氏および京浜工事事務所提供)》などの特別展示を始め、《環境学習セミナー》や《河口野鳥観察会》などの企画を実施することによって、多摩川の源流から東京湾までの距離138kmにちなんだ

13,800人目の入館者が早や9月22日に誕生するなど、市民に親しまれる施設としての運営も軌道に乗りはじめました。

　また、会議室は、エコミュージアム関連の市民活動にかかわる集会場・会議室として定着するとともに、京浜工事事務所が進めている多摩川整備計画に係わる委員会や集会の場としても重用されており、多摩川を広く見渡せる好立地条件と相まって、市民活動の拠点としての性格が浸透しつつあります。

　これからは、多摩川にかかわるさまざまな活動の拠点施設としての設備をさらに充実させるとともに、市民活動の支援的機能も果たせるようにソフト・ハードの両面にわたって創造的な企画に試行的に取り組むべきであると考えられます。特に、市民フォーラムや流域懇談会で活発に実施されている河川整備計画の作成作業にも積極的に協力し、多数の市民から寄せられている期待に応えるものでなければなりません。

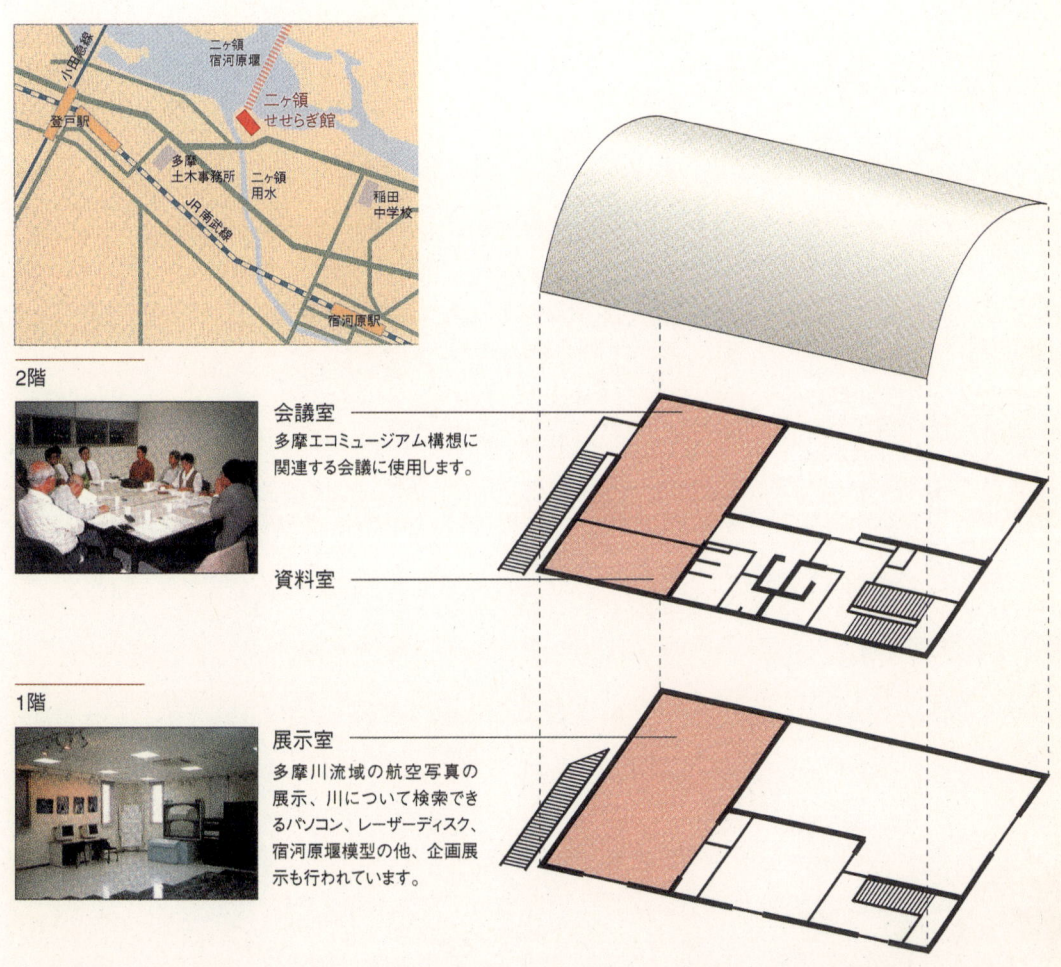

2階

会議室
多摩エコミュージアム構想に関連する会議に使用します。

資料室

1階

展示室
多摩川流域の航空写真の展示、川について検索できるパソコン、レーザーディスク、宿河原堰模型の他、企画展示も行われています。

出典：二ヶ領せせらぎ館パンフレット
参考資料：平成11年度二ヶ領せせらぎ館活動報告書概要版より転載

5-4 運営委員会

　せせらぎ館は、「多摩川エコミュージアム構想」の趣旨に賛同する市民団体の代表を始め、地域町内会や漁協の方々など、幅広い市民の支援・協力により運営されています。

　実際の運営では、代表による運営委員会を組織し、川崎市や京浜工事事務所とも連携を図りながら、日々の館の管理や運営、そして自主活動などについて話し合い合議を経て、運営に当たっています。

　このような運営委員会の活動は、単なる管理・運営に止まらず、館で催されるさまざまな企画展示の提案や広報誌の発行、さらには自主事業の企画・実施など多岐にわたっています。まさに、せせらぎ館活動の中枢機関でもあります。

〈運営委員会〉
　　運営委員長　　井田　安弘氏（川崎・水と緑のネットワーク代表）
　　副 委 員 長　　井口　文夫氏（川崎漁業協同組合長）
　　　　　　　　　田中喜美子氏（多摩川と語る会代表）
　　企 画 委 員　　長島　　保氏（たまエコPJ代表）
　　　　　　　　　横山十四男氏（NPO多摩川センター代表）
　　広 報 委 員　　木村　　功氏（おやじの会いたか）
　　　　　　　　　北島　信夫氏（麻生・水辺の会）
　　監　　　事　　関山　雅明氏（宿河原町内会）
　　　　　　　　　吉澤　　豊氏（登戸新町町内会）
　　　　　　　　　中島　光男氏（生田緑地の雑木林を育てる会代表）
　　　　　　　　　長坂　　清氏（川崎市総合企画局企画推進課長）
　　　　　　　　　松村　壽夫氏（多摩区役所区政推進課長）
　　会　　　計　　小泉世志子氏（登戸町内会）
　　事　務　局　　川崎市総合企画局企画推進課
　　　　　　　　　　※委員名簿は平成12年末現在

6 北上川リバーマスタースクール

平山　健一（北上川流域連携交流会　代表世話人）

6-1　リバーマスタースクールの内容

（1）スクールの概要

初級スクール開催回数	年間1～2回
開催場所	北上川流域内の各地
基本単位	2泊3日
参加費用	15,000円（宿泊費、食費、保険料、教材費などを含む）
定員	毎回30名程度
対象	16才以上の健康な男女
スタッフ数	毎回　延べ30～50名
必要費用総額	1回当たり150～200万円

（2）カリキュラム

① 川の常識　　　　　　⑥ 人命救助法
② 動植物など自然観察　⑦ カヌー・釣り・写真・キャンプなどの川の遊び
③ 治水・利水事業　　　⑧ 流域の歴史
④ 水質検査　　　　　　⑨ 徹底討論
⑤ 舟下り体験

など人間や地域と川の接点に関わる広いテーマにわたっているのが特徴です。

（3）教育方針

　講義よりも見学・体験を重視し、ボートによる川下りなどに多くの時間を割り当て、テント設営、炊事などの共同作業はもちろん徹底討論などの意見交換の場を数多く設定してスタッフや参加者同士の人間関係をつくるよう努めています。

ゴムボート下り　　　　　　　　　　救命救急法の実技

6-2　経　緯

治水・利水の時代が続き川は我々の視界から消えていましたが、再び川原での散策を楽しみ、水辺の草花を大切にしようとする時代の到来を迎え、川に人々を誘導する指導者を養成する目的で平成8年度から開校されました。実際の川を舞台に、川と地域の多様な関わりを勉強し、豊かな地域づくりの人材を養成します。このスクールの修了者を「リバーマスター」と呼んでいます。

これまでの初級スクールの開催場所

年度	場　所	参加者	備　考
8	川崎村	32	1泊2日×2回で実施
	水沢市	25	
9	石巻市	26	
	花巻市	27	
10	盛岡市	23	
11	水沢市、胆沢町	66	「川に学ぶ」シンポジウム全国大会の一部として実施

さらに内容を深めた中級スクールもこれまで2ヶ所で開校され、これまで45名が中級の講座を受けました。中級は初級修了者を対象として「北上川概論」、「安全対策・人命救急法」、「集団指導法」等の単位取得を全員に義務づける他、更に自分の得意分野を選択して実習を積み、その分野の指導者として十分なレベルの技術とより広い視点を持った「リバーマスター」を養成することを目指しています。中級や上級スクールは期間を限らず、少人数で自主的に行い、ある基準レベルに到達するのを待ってリバーマスターを認定しています。

カヌーの練習　　　　　　　　　　河川事業の現地見学

6-3　進め方・分担

本会ではリバーマスタースクール担当の事務局長を置いています。担当事務局長と担当地域の会員が中心となり企画案を練り、全会員の協力の下に実施します。機材、人員、場所など行政からの支援は事務局を通じて依頼しています。

スクールの運営費用は参加費の他、地方行政からの補助金や河川整備基金等で運営されていますが、本会はゴムボートなどの機材を保有していないため、国から機材や人的な支援を得てなんとか

乗切っています。また、指導者は会に所属する専門家の他、地元の専門家にもお願いしています。
　実施場所は前年度に決め、企画案作りには半年位掛けてきましたが、最近はスクールをコーディネイト出来る会員が増え財政的な基盤が確実な場合は準備は短期間で十分です。

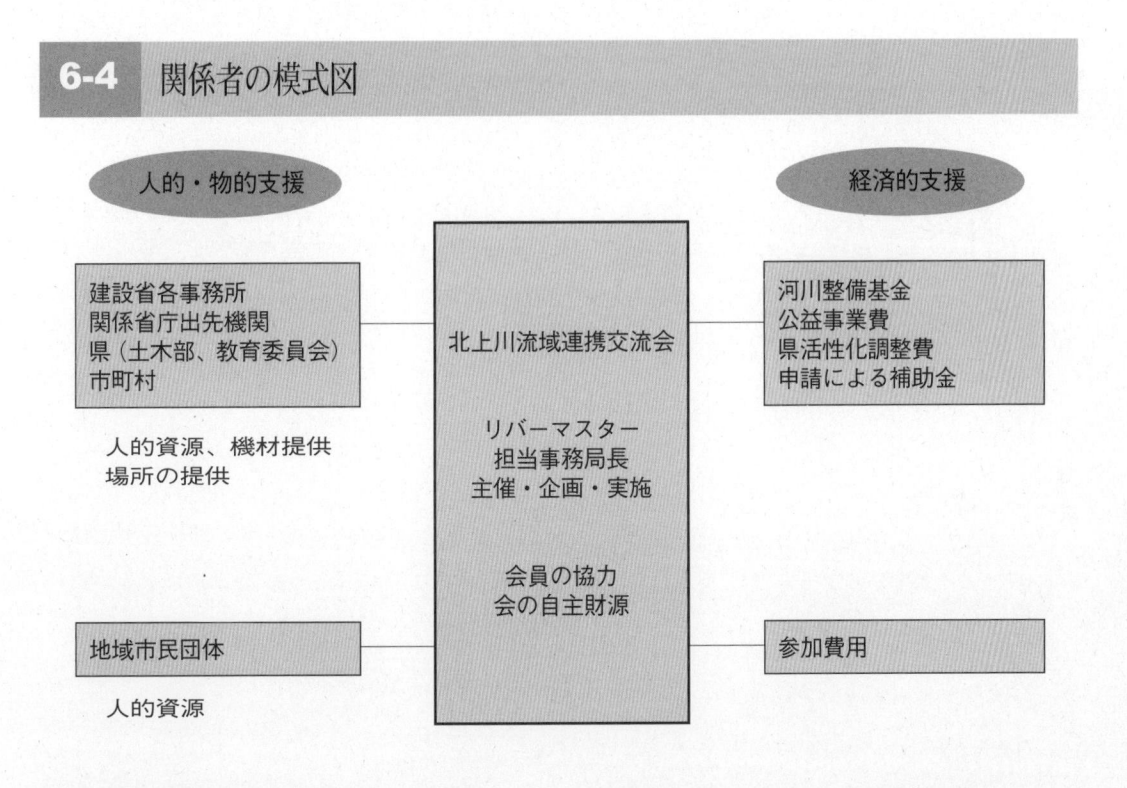

6-4　関係者の模式図

```
     人的・物的支援                          経済的支援

  ┌──────────────┐                    ┌──────────────┐
  │建設省各事務所      │                    │河川整備基金    │
  │関係省庁出先機関    │ ──→ ┌─────────┐ ←── │公益事業費      │
  │県（土木部、教育委員会）│    │北上川流域連携交流会│    │県活性化調整費   │
  │市町村           │    │              │    │申請による補助金 │
  └──────────────┘    │リバーマスター    │    └──────────────┘
   人的資源、機材提供         │担当事務局長     │
   場所の提供               │主催・企画・実施   │
                         │              │
                         │会員の協力      │
                         │会の自主財源    │
  ┌──────────────┐    └─────────┘    ┌──────────────┐
  │地域市民団体      │ ──→              ←── │参加費用        │
  └──────────────┘                    └──────────────┘
   人的資源
```

6-5　成果と課題

　これまで「リバーマスター」は約200名に増え、平成9年度は、50周年を迎えたカスリン・アイオン台風の記念事業として行われた「北上川子供サミット」、「子供リバーマスタースクール」の運営を手伝ってもらったり、平成10年度は、盛岡、石巻で開催された「北上川フェア」を自ら運営出来るまでに育ってきています。平成11年度には水沢地区の会員を中心に「川に学ぶシンポジウム全国大会」を成功させました。
　また、北上川流域では官民の相互理解がこれまでになかったレベルにまで進み、一方では流域各地域の市民活動が活発化し、これまで活動の無かった地域も組織化が進みました。
　今後、更に高度な指導者を数多く養成するためには中級、上級スクールの充実とスクールの常設化に取り組んで行きたいと思っています。カリキュラムに関する要望では、もっとカヌーで遊びたかったという意見もありましたが、地域と川のつながりを広い視点で見られるリバーマスターの養成のため現在のシステムを維持したいと思っています。
　また、事故補償制度の整備や資金の申請制度の簡略化は行政に要望したい点です。
　一方、本会も会の運営体制の整備を図り、行政とのパートナーシップを担える組織とするためNPO化を進める必要があります。

参考資料編

- 「パートナーシップによる河川管理に関する提言」 ……………… 112
- 経済・社会の変化に対応した河川管理体系のあり方について
　　「河川管理への市町村参画の拡充方策について」 ……………… 118
- 掲載事例の問い合わせ先 ……………………………………………… 121
- 「パートナーシップによる河川管理のあり方に関する研究会」
　　構成メンバー ………………………………………………………… 124
- 監修にあたって、各委員から一言 …………………………………… 125

「パートナーシップによる河川管理に関する提言」

パートナーシップによる河川管理のあり方に関する研究会　平成11年6月

```
1. 目的―今なぜパートナーシップなのか
2. 基本的な考え方―パートナーシップ推進の視点
   (1) 各主体の多様なかかわりを再認識する
   (2) 情報を共有しお互いを理解する
   (3) 多様なパートナーシップで取り組む
   (4) パートナーシップによる取り組みはプロセスが重要である
3. 基本提案―パートナーシップによる河川管理の実現のために
   (1) 多様な主体による河川管理のしくみづくり
   (2) 各主体の役割と取り組み
   (3) 市民と行政の協働
4. 今後の課題
   (1) 合意形成・意思決定における手続きや制度の検討
   (2) パートナーシップによる実践例の蓄積
   (3) 各主体の役割・責任の検討
●ここでの用語について
```

1. 目的―今なぜパートナーシップなのか

　これまでの河川管理は、頻発する洪水や渇水に対して早急に対策を行う必要に迫られたため、効率の良い画一的な手法が優先され行われてきた。その結果、地域で育まれてきた川の個性や文化が損なわれてしまうことが多かった。また、水質等の河川環境の悪化により、地域の人々は川と触れあうことが少なくなり、精神的にも地域と川の関係が疎遠となった。

　今後は、地域の人々が川に誇りと親しみを持つことができるよう、河川特性、地域の歴史・文化を踏まえた河川管理を行い、川と地域の人々とのかかわりを再構築する必要がある。

　一方、国民の生活、意識の多様化の中で、川へのかかわりやニーズも多様化したが、これまで行ってきた河川管理は、それらのニーズに十分対応できたとは言いがたい。今後は、市民としての多様な視点で、これまで行われてきた河川管理の内容や方法、役割分担をとらえ直し、様々なニーズに対して柔軟かつ機敏に、良質な河川管理を行うことが必要である。

　これまでは、河川事業において、市民との合意形成が必ずしも十分でないまま事業が行われ、市民と行政との対立が生じていることもある。これからの河川管理にあたっては、それぞれの河川、地域の状況をきめ細かく把握し、情報を適切に公開し、双方理解が得られるまで十分に対話し、合意形成を図ることがきわめて重要である。

　こうした河川をとりまく情勢が変化するなか、平成9年には河川法が改正され、河川環境の保全と整備がその目的に位置づけられるとともに、河川整備計画の策定において地域の意見を聞くこととなった。

　良好な河川環境の実現のためには、それぞれの河川、地域の状況にきめ細かく対応していくことが不可欠であり、これらを河川管理者だけで実施することには限界がある。今後は、健全な水循環の回復も視野に入れ、市民、関係自治体、河川管理者とが日ごろから十分なコミュニケーションを図り、緊密な連携・協調に努め、協力関係を築き、具体的に行動することが求められる。

　本提言は、このような川をとりまく社会状況や市民、行政の取り組みを背景として、各主体が適切なパートナーシップに基づき、それぞれの河川の特徴や地域性を踏まえた、河川管理に取り組んで行くための提案を行うものである。

2. 基本的な考え方―パートナーシップ推進の視点

(1) 各主体の多様なかかわりを再認識する

　市民にとっては、水路や池も川と同じ水辺であるように、市民は川のとらえ方やかかわり方が行政と違っている場合が多い。また、行政においても、河川担当部局とまちづくり担当部局とでは川のとらえ方が違う場合がある。さらに、農業従事者と漁業従事者、川の近くに住む人と遠くに住む人では川のかかわり方やとらえ方が違うように、市民は多様な川とのかかわりがあり様々な考えを持っている。このように、各主体と川とのかかわりは多様であること

をまず認識することが必要である。
　こうした多様な価値観を持つ様々な主体が、河川管理にかかわることを市民、河川管理者がともに認識し、これまでの市民と行政の関係を見直し、互いに価値観を理解し尊重し信頼し合える関係を回復、再構築する姿勢が重要である。

（2）情報を共有しお互いを理解する

　河川管理者、市民は、異なる問題認識、様々な川の将来像を持っている場合が多い。河川事業を行う際に、互いの情報が十分相手に伝わっていないためにそれぞれの立場や考え方が理解されず、対立しているケースもある。こうした対立をできるだけ回避し、市民と行政とがよりよい関係をつくっていくためには、互いの情報を十分交換し共通の情報として共有し、さらに、互いのビジョンを交換し、お互いの立場や考え方を尊重した上で議論することが必要である。その結果、共同で取り組もうとする活動の目標や手順、スケジュール、役割分担などが設定しやすくなり、互いに納得のいく成果を得られることにつながる。パートナーシップによる取り組みは、このように関係者が情報を共有しお互いを理解し合うことから始めることが重要である。

（3）多様なパートナーシップで取り組む

　川と地域のかかわりは、地域の中で育まれてきた川と人々とのかかわりの歴史であり、その川、地域固有の文化でもある。したがって、市民の川へのかかわり方によって様々なパートナーシップの段階が考えられる。さらに、実施する内容や目的によって、パートナーや役割分担が異なってくる。すなわち、パートナーシップによる河川管理は、全国一律に考えるべきでなく、地域の実情に沿って、それぞれ独自の方法で段階を踏まえて行うことが望ましい。

（4）パートナーシップによる取り組みはプロセスが重要である

　パートナーシップによる取り組みは、様々な価値観があることを前提として、現状の認識作業から双方が納得する方法で、ともに理解を得ながら一歩一歩着実に進めることが不可欠である。したがって、目標の達成度のみならず、手順を踏んで議論し実践するプロセス自体がきわめて重要である。行政と市民とがこのようなプロセスを経て、合意を形成していくことになる。
　また、行政、市民はともにこのような実践を通じて、お互いの考え方や役割を学習し、自らの役割を自覚し能力を高めていくことで自立した主体を形成することができる。パートナーシップによる河川管理では、こうした学習を通じて互いに影響し合い、力を高めあっていくプロセスを大切にすることが求められる。さらに、当初の意見や考えが学習を通じて変わっていく場合もあることを双方ともに認めることが重要である。
　本来は、こうしたプロセスを踏まえて合意が形成され、意思決定に至ることが理想であり、各主体は合意に向けて最大限努力することが大切である。このとき重要なことは、関係者に合意形成のプロセスを明らかにし、意思決定が誰によってどこでどのようになされるかをきちんと情報を公開することである。そのためには、合意形成のための様々な場や機会が用意されることが必要であり、その運営のルールも必要となる。
　一方、一緒に取り組んで合意に至らなかったときにも、そのプロセスを重要視し、記録を残し、次への取り組みの課題とする姿勢が必要である。

3．基本提案 ― パートナーシップによる河川管理の実現のために

　パートナーシップによる河川管理は、市民・企業・地方自治体・河川管理者等のそれぞれの特性を生かし、主体性と信頼関係を基礎として、適切な役割分担のもとで、納得して取り組むことが重要である。

（1）多様な主体による河川管理のしくみづくり

　パートナーシップによる河川管理は、価値観の多様な主体があることを前提とするため、関係者が様々なレベルで情報を共有し、コミュニケーションを活発にしながら取り組むことが大切である。
　実験的・試行的な取り組みや計画策定から整備、維持管理までの一連のプロセスを通じて、様々な段階に市民がかかわれるしくみが不可欠である。
　そのために、各河川で市民と行政との日常的な意見交換のレベルから、議論を行い合意形成を行うレベル、さらに市民が整備や維持管理など河川管理の一部を担うレベルまで、市民が参加できる機会を積極的に設ける。

【情報の共有】

　行政がもつ情報を広く公開するとともに、市民の情報を積極的に収集し、関係者がお互いの情報を提供し、共有することが大切である。このために、広報誌・パンフレットの充実やインターネットなどによる情報提供等の工夫を行う。また、情報の収集に

あたっては市民の持つ日常的な川の情報を活用する。

市民と行政は、情報の共有を通じて互いの立場や考え方を理解することで、信頼関係を築くことができる。

【川との多様なかかわりの拡大】

様々な人々が川と多様なかかわりを持つことができるようにすることは、多彩なパートナーシップを育てていく上で重要である。日常的に市民が川に親しみ、市民の川への関心を高めるために、水辺の魅力を高め、市民が川を知り、川に学ぶことができる機会や場を増やす。

【日常的な話し合い、意見交換の機会】

市民・行政等は、様々な機会を通じて互いにコミュニケーションを積極的に図ることが重要である。日ごろから市民相互、市民と行政との間で交流や話し合いの機会をもつことは、互いの意思疎通を図り信頼関係を築くことに役立ち、結果として計画づくりへの市民参加もスムーズになる。

さらに、継続的な話し合いや情報交換の機会・場を設け、お互いが持つ課題やビジョンについて十分に議論し、共有していくことが重要である。

また、行政と市民とが、シンポジウム、フォーラム、啓発イベント、情報誌の発行などを共同で行ったり、懇談会やパートナーシップを推進するための交流拠点などを共有することが望まれる。

【合意形成の場や機会と運営のルールづくり】

川に関する様々なテーマについて、誰もが参加でき公開で議論できる場を設置し、ここで議論を十分尽くし、合意形成を図りながら河川管理を行うことが望まれる。そのためには、運営のあり方や議論の仕方・場などについてルールをつくることが必要である。例えば、流域単位で川にかかわる市民、自治体、河川管理者が自由に意見を出し合い、共通のテーマを探し、議論や活動を通じて合意をつくっていく場を市民と行政で運営することが考えられる。

一方、市民は様々な考えを持っており、市民同士の交流などを通じて緩やかなネットワークをつくることで、市民相互の合意を形成することが期待される。

計画策定における市民間の意見調整や市民と行政間の調整を行うために、審議や意思決定を行う第三者的な機関や調整のしくみも検討する価値がある。

また、各河川での取り組みを情報交換し、全国や広域レベルでの合意形成や制度的検討、政策提案などを行うことのできる場についても今後議論する必要がある。

【計画策定への市民参加と公開】

河川の計画策定は、一般的に、地域の意向・要望の把握、情報の整理・提供・共有、計画案提示（代替案を含む）、意見調整という一連の合意形成プロセス、意思決定の手順で進められる。

河川整備計画の策定については、新河川法で示された考え方に基づき、市民参加やフィードバックの仕方等の具体的なしくみが地域ごとに議論されているところであるが、これ以外の河川管理にかかわる計画についても、市民の意見や要望を聞き内容に反映させることが必要であり、市民が合意形成プロセスに積極的に参加できるような様々な工夫を行う。

重要なことは、先に示した計画策定の各段階でそのつど議論の経過と結果を公開し、市民の意見がどのように反映されるのかが理解されることである。また、意思決定されたことが話し合いや学習の場、市民による河川管理の現場へフィードバックされ、検証できるしくみが用意されることである。

合意形成の手続きや制度については、今後も継続して検討していくことが必要である。また、意思決定のしくみについても今後同様に議論していく必要がある。

【市民が河川管理の一部を担うしくみ】

川の環境学習やイベント、観察会等の市民による日常的な川へのかかわりは、従来河川管理者が行ってきた河川管理の対象・内容の範囲を越えて広がっている。こうした市民の川にかかわる活動を河川管理にきちんと位置づけ、河川管理者と市民が協力・連携して多様なパートナーシップによる河川管理を展開していくことが必要である。

また、環境調査、環境保全・管理等については、市民の要望を踏まえ、市民が河川管理に参加、あるいは積極的にその一部を担っていくしくみをつくる必要がある。

(2) 各主体の役割と取り組み

パートナーシップによる河川管理をすすめるにあたっては、各主体が各々の役割を担い協力・連携した取り組みが求められる。ここでは、河川管理を担う主体として、河川管理者、市民、地方自治体、企業を取りあげ、各主体が特に今後求められる重要な役割について提案を行う。

① 河川管理者

【パートナーへの理解】

河川管理者は、市民のニーズや意見を理解・認識するため、市民と対話することが重要であり、従来のしくみの活性化も図りながら、日常的な交流を促

進する。
　また、河川管理者は、市民活動や市民感覚を理解するよう努める。
【情報公開】
　河川管理者は、川に関する情報を広くわかりやすく公開する。そのために、担当窓口や情報コーナーの設置、手続きの簡素化、インターネットによる情報提供等の手段を地域ごとに工夫する。また、市民の協力によって日常的な川に関する情報収集に努める。
【河川管理への市民参加の支援】
　市民の要望を踏まえて、市民が日常の活動を通じて河川管理に積極的にかかわってもらうしくみを工夫する。そのために、河川管理者は、その人材、情報、ノウハウ、資金などを活用し、こうした市民の取り組みを積極的に支援するとともに、広く市民・企業・自治体にＰＲし、河川管理における市民参加を促進する。
　パートナーシップによる取り組みにおいては、市民間の意見・活動の調整や市民と行政間の調整を行うコーディネーターの存在が重要であり、関係する自治体と連携・協力してこのコーディネーターを積極的に応援する。
【関係行政機関、流域自治体等との連携】
　水にかかわる関係機関（関係行政機関、自治体、水利権者等）は多岐にわたっている。また、市民の川へのかかわりは川の空間にとどまらず、水を媒介として市民生活全般にわたっている。したがって、市民とのパートナーシップによる河川管理を推進するために、関係機関は、市民の協力を得ながら、各々の施策を調整・連携して取り組むことが必要である。
　また、河川管理者は、流域自治体との情報交換を密にし、データベースの共有化や共同事業など連携して取り組むことができるよう体制づくりを促進する。

② 市　　　民
【パートナーへの理解】
　市民は、行政の行う事業や計画を十分把握するとともに、行政や企業の役割を理解し、行政・企業とのパートナーシップによる取り組みを積極的に行う。
【市民による情報発信】
　市民は、日常の市民活動を通じて、行政や企業では得難い市民ならではの川や地域にかかわる様々な情報を蓄積している。こうした市民情報を市民同士や行政・企業に対して、積極的に発信し情報交換することは、パートナーシップによる取り組みを推進する上で重要である。
【市民活動の自立と連携】
　自発性に基づいた市民の活動は、市民相互に情報を交換し協力し合う関係を育て、ネットワークをつくっていくことにつながる。市民ネットワークの形成を促進することは、市民が自らの位置を自覚し役割を認識することに役立つとともに、市民相互の協力関係を広げ合意形成を促し社会的な役割を担っていくことにも貢献する。そして、行政等とのより良好なパートナーシップによる取り組みを行うことができる。
　こうしたネットワークの形成を推進することにより、市民活動が活性化し、市民相互の意見や活動を調整する能力が養われ、市民の中に自ずとコーディネーターが育ってくることが期待される。
【市民活動の継続と発展】
　市民は、自ら川について学習し、自立した活動資金をもち、市民活動の能力やノウハウを身につけることによって、活動を継続し発展させていくことが望まれる。
　また、市民は市民活動の領域を拡大、変革していくことで、河川管理に新たな領域を生み出したりその内容を変えたりしていくことが期待される。

③ 地方自治体
【河川管理のパートナーとしての参加・支援】
　市町村は、地域づくり・まちづくりの主体であり、また、市民にとっては最も身近な行政組織であることから、水にかかわる情報収集・発信等の総合的な拠点となることが期待される。
　パートナーシップによる河川管理は、地域づくり・まちづくりの一環であり、市町村はこの責任を持つ行政機関として積極的に参加するとともに、それらの活動を支援することが期待される。
【自治体間の連携、広域的組織づくり】
　流域や水循環の視点から、川にかかわる自治体が相互に情報交換し連携した取り組みを展開することが期待される。
　また、都道府県の役割として、関係自治体や河川管理者に呼びかけ、川・流域を単位とした水に関する施策を一体的に調整する広域的、総合的な組織づくりを担うことも考えられる。

④ 企　　　業
【企業力を活かした川での社会貢献活動】
　市民・行政は、企業が社会貢献活動の一環として、川や地域づくりへ参加することを望んでいる。企業は、その人材、情報、ノウハウ、資金など企業なら

「パートナーシップによる河川管理に関する提言」

ではの特徴を活かして、市民と行政が取り組む河川管理に参画することが期待される。

(3) 市民と行政の協働

各河川の現状や課題を踏まえて、市民と行政とがまずできることから一緒に取り組むことが重要である。そして、ひとつひとつ成果を積み上げ、パートナーシップによる河川管理を段階的に実現することが望まれる。

また、パートナーシップによる事業の進め方や市民参加の手法については、まだ十分に確立されているわけではなく、今後それぞれの地域で試行しながら現場で検証し、適切な手法を開発していく努力が必要である。

【協働して取り組む活動、事業】

市民と河川管理者等は、一緒に取り組むことができる事業や活動を、できることから段階的に行う。特に、既存の事業の中で市民が参加できる機会を積極的に工夫し活用する。

市民の要望を受けて、情報収集と提供、普及啓発(イベント、セミナー、スクール等)、意見交換の場の運営(シンポジウム、フォーラム等)、環境調査、環境保全・管理の活動と整備(動植物の保護、育成、モニタリング等)、維持管理、環境モニタリングなどの河川管理の一部を市民が行えるよう工夫する。

【市民参加、活動支援の手法開発・活用】

具体的な計画づくりでは、市民提案の公募やワークショップなどを活用して、できるだけ市民が参加できるような内容やプログラムを積極的に工夫し、整備後も継続して市民が環境管理にかかわることができるようにする。これらの計画づくり等では、市民間、市民と行政とのコーディネーターの存在が重要である。そこで、川の体験や学習を行うスクールやセミナー等を推進することによって、こうした人材を発掘し支援していくことが考えられる。

パートナーシップによる河川管理は、市民、自治体、河川管理者等が、その川についての情報を共有し、互いの立場や考え方を理解し、尊重することから始まる。そして、相互に密接な連携・協力を行い、各地域で多様なパートナーシップを工夫し、実験、実践を積み重ねながら、昇華されてくるものである。

こうした各地域での模索と経験を蓄積することを通じて、常にパートナーシップによる河川管理のあるべき姿を追求し続けることが大切である。

4．今後の課題

(1) 合意形成・意思決定における手続きや制度の検討

合意形成の手続きや制度については、今後も継続して検討していくことが必要である。また、意思決定のしくみについても今後同様に議論していく必要がある。

計画策定における市民間の意見調整や市民と行政間の調整を行うために、審議や意思決定を行う第三者的な機関や調整のしくみも検討する価値がある。

また、各河川での取り組みを情報交換し、全国や広域レベルでの合意形成や制度的検討、政策提案などを行うことのできる場についても今後議論する必要がある。

(2) パートナーシップによる実践例の蓄積

パートナーシップによる河川管理の取り組みの実践例を収集するとともに、各地域で多様なパートナーシップを工夫し、実験、実践を積み重ね、ノウハウを蓄積するためのモデル的な取り組みが必要である。

(3) 各主体の役割・責任の検討

パートナーシップによる河川管理においては、市民と行政との役割・責任のあり方についてまだ十分議論されているわけではない。今後、市民と行政のそれぞれの役割・責任をどのように考え、分担していけばよいのかを検討する必要がある。

……… ●ここでの用語について ………

【河川管理】

河川管理者が行なってきた従来の河川管理(河川の構想や計画の作成、河川の情報収集や調査、設計、工事、維持管理等)にとどまらず、市民が行なう川を対象とした活動(河川愛護活動、環境学習、イベント等)を含むものとしてとらえる。

【パートナーシップ】

本提言では「パートナーシップ」という言葉を協働という広い意味合いで用いている。

提言で述べたように、河川管理にかかわる「パートナーシップ」には様々な段階と多様な形態があると考えられ、今後全国で展開される「パートナーシップ」をキーワードとした様々な活動・体験を通じて、河川管理にかかわる明確な「パートナーシップ」概念が将来確立していくものと考えられる。

【市民・住民】
　「住民」という場合、地縁的な意味でそこに住んでいる人、あるいは地域に直接的な利害を有する人という限定的な意味で使われる場合が多い。「市民」という場合、「住民」のように地縁や特定の利害関係で結ばれているといった意味はなく、「住民」をも含んだ幅広い意味で用いられる場合が多い。本提言では、河川管理にかかわるパートナーシップの主体が地縁的な人々に限定されるとは限らないとの考え方から、「市民」という言葉を幅広い意味を持たせて用いた。

（参　考）

　これまでの公的な文書では、「市民」ということばより「住民」ということばが使われる場合が多い。（河川審議会答申など）
　地域のコミュニティを形成する代表的な団体である町内会、自治会などが全員加入のため、受け身の付き合いの場になったり、形骸化している場合もあり、非民主的とか前近代的とかのイメージで見られることもある。また、行政の下請け機関としてみられる場合もある。「住民」という言葉にこれらのイメージがまつわりつくこともある。
　「市民」という用語には、「町民」や「村民」と同じ意味で「○○市の住民」という意味があり、そこから派生して都市住民という意味があるが、本提言では「市民」にこのような意味を含めていない。
　地縁的な意味合いの強い「住民」という言葉に対置して、それとは違う意味合いを強調して「市民」という言葉を用いる場合がある。例えば、「市民」という言葉にあるテーマに対して（特に地縁的な意味での）利害関係を有しない人という意味を持たせたり、そこから派生して利害とは無関係に自発的な個人意思で参加してくる人という意味を持たせることがある。また、それらの裏返しの意味として、地域に根づいていないために責任に関係しない人などのニュアンスを帯びる場合もある。「市民」という言葉にはこのような様々なイメージが付きまとうが、本提言で用いる「市民」の意味にはこのような様々なイメージを込めて用いていない。

【合意形成と意思決定】
　河川管理にかかわる事業の実施を考えると、河川管理者と市民の間で事業の実施について合意していくための「合意形成プロセス」がまず必要である。次いで、何らかの形で「合意形成」が行われ、それに基いて事業実施に責任をもつものが、その事業の実施を「意思決定」していくプロセスが必要である。
　本提言では、「合意形成」とは関係する主体の間で100％の合意を得るということではなく、できるだけ多くの賛同を得るという熟度の問題として捉えており、大切なことは「合意形成プロセス」においてどれだけ多くの市民の賛同を得ていくかということである。
　「合意形成」は河川管理者と市民との密なコミュニケーションによってその熟度が上がっていくものである。「合意形成」の熟度が上がってきたとき、その「合意形成」を尊重して、事業に責任をもつものは、総合的判断により「意思決定」して事業の実施に踏み切ることが大切である。この場合、状況により事業実施を延期したり、場合によっては中止するなどの「意思決定」もあり得る。適切な「意思決定」をすることが、事業に責任をもつものの責務である。

【コーディネーター】
　市民活動の活性化や市民参加による計画づくりなどにおける市民間や市民と行政との調整・仲介役として、その能力を有する個人あるいは組織をコーディネーターと呼んでいる。従って、双方の立場をよく理解し、双方から信頼される存在となっている必要がある。

経済・社会の変化に対応した河川管理体系のあり方について
「河川管理への市町村参画の拡充方策について」

河川審議会　平成12年1月

---

1. はじめに
2. 河川管理における市町村参画の現状と課題
   (1) 現状
   (2) 河川管理における市町村参画をめぐる状況の変化及び課題
3. 河川管理における市町村参画の拡充の方向
   (1) 市町村工事制度の拡充
   (2) 政令指定都市への権限委譲

1．はじめに

【個性と活力のある地域社会の形成】

　我が国は21世紀に向けて、高齢社会の到来、国際化の進展、高度情報化の本格的な到来、地球環境問題の進行等の変化とともに、これまでの成長社会から成熟社会へ急速に転換しつつある。こうした状況を踏まえ、本審議会においては、平成8年6月に「21世紀の社会を展望した今後の河川整備の基本的方向について」答申した。この中で、今後の河川整備に当たっては、社会的な変化、国民のニーズやライフスタイルの変化等を的確にとらえ、地域と河川との役割分担を明確にしつつ、地域社会の意向を反映し、地域の個性を十分に発揮できる新たな施策の展開が必要であると提言した。そして、「個性あふれる活力のある地域社会の形成」を21世紀に向けた河川整備の基本施策の一つとして位置付けたところである。

【平成9年の河川法改正】

　また、平成9年に河川法が改正され、法律の目的として、治水・利水に加え、「河川環境の整備と保全」が位置付けられるとともに、河川整備基本方針と河川整備計画という新しい計画制度が導入され、河川整備計画の策定に当たり地方公共団体の長、地域住民等の意見を反映する手続が整備された。これにより、地域と連携し、地域の意見を生かした河川整備を推進する制度が始動したところである。

【河川管理への市町村参画の要請】

　河川の管理については、現在、広域的視点から水系一貫管理を行う必要があるとともに、高度な行財政能力が必要であることから、河川の特性に応じて、国(建設大臣)又は都道府県知事が行うことが原則となっている。しかしながら、以上のような河川環境や地域特性に配慮した河川整備に対する要請の高まり等を踏まえると、まちづくりや地域づくりの主体であるとともに住民に最も身近な自治体である市町村が、河川管理に対して積極的に参画することが求められているといえる。

　本審議会は、「経済・社会の変化に対応した河川管理体系のあり方について」平成10年9月より審議を重ねてきており、このうち「河川管理に関する国と地方の役割分担について」、平成11年8月に答申を行った。この中で、河川管理についての役割分担の基本方針として、個性豊かな自立型地域社会の形成を進めるため、流域における多様な主体の河川管理への幅広い参画が不可欠であると指摘した。このため、一級河川の直轄管理区間、同知事管理区間及び二級河川を通じて、河川空間利用における市町村の参画や市町村河川工事の拡充など、地方公共団体、市民、NPO等の参画の推進を図ることとし、引き続き、検討すべき課題としたところである。

　今回の答申は、このうち「河川管理への市町村参画の拡充方策について」提言するものである。

2．河川管理における市町村参画の現状と課題

(1) 現状

　市町村は、従来より準用河川制度、都市基盤河川改修事業等を通じて、次のように一定の範囲内で河川管理に参画し、その能力を蓄積し、高めてきている。

【準用河川制度】

　準用河川制度は、昭和39年に現行河川法が制定されたことにより創設された制度であり、大規模な河川工事は予想されないが、各種の行為制限、維持工事等によって管理の万全を期することができる河川について市町村長が管理を行うこととしたものである。

　また、昭和50年度から準用河川改修費補助制度が創設され、費用の3分の1を国が市町村に対して補助することとなった。

　昭和46年5月1日現在で、4市1町、34河川、延長47kmにすぎなかった準用河川は、平成11年4月30日現在で、1,698市町村、14,094河川、19,880km(うち政令指定都市は12市、397河川、延長632km)に達している。

【都市基盤河川改修事業制度及び河川環境整備事業制度】

(市町村が行う河川工事に対する国庫補助制度)

　一級河川及び二級河川は、国土保全上又は国民経

済上重要な位置を占める等の理由により、建設大臣又は都道府県知事が管理することとされているが、これらの管理に市町村が参画する制度として、昭和45年度に都市小河川改修事業（現在の都市基盤河川改修事業）制度が創設された。

都市基盤河川改修事業制度は以下の市における一級河川（知事管理区間）及び二級河川のうち、流域面積が概ね30km^{2}以下と比較的小さな区間について、地域行政との関連を踏まえたきめ細かい治水対策を進めるため、市長が施行主体となって河川の改良工事を実施するものである。

① 東京都の特別区
② 道府県庁所在の市
③ 人口20万以上の市
④ 人口10万以上であって市街化区域等の面積が概ね2分の1以上を占める市
⑤ 人口5万以上であって三大都市圏の既成市街地等内にある市

改良工事に要する費用の3分の1ずつを国及び都道府県がそれぞれ市に対して補助することとなっている。

昭和45年度には、7市、37河川で行われていたにすぎなかった都市基盤河川改修事業は、平成11年度には、67市、171河川（うち政令指定都市は12市、91河川）で行われるまでになっている。

また、昭和44年度には、水質汚濁、廃棄物の投棄等による河川環境の悪化の進行に対応し、河川環境整備事業制度が創設された。これは、水質の汚濁の著しい河川において清浄な流水の確保を図る河川浄化事業、親水性や生態系に配慮した環境護岸、せせらぎ水路、散策路、高水敷、側帯等の整備を行う河道整備事業等からなる事業である。市町村は一級河川（知事管理区間）及び二級河川について事業を実施し、要する費用の3分の1ずつを国及び都道府県がそれぞれ市町村に対して補助することとなっている。

都市基盤河川改修事業制度及び河川環境整備事業制度は、着実にその実績を積み重ね、現在に至っている（平成11年度の事業費は、都市基盤河川改修事業が53,058百万円（うち政令指定都市は38,468百万円）、河川環境整備事業が576百万円（うち政令指定都市は141百万円））。

【市町村工事制度の創設】
河川管理面における市町村の実績が積み重なる中で、景観、親水性等を生かした河川の環境整備、まちづくりの一環として行われる他事業との関連を踏まえたきめ細かい治水対策に対する要請の増大に対応し、地域に密着した行政主体である市町村が、河川管理において役割を一層果たすことが期待されることとなった。

このため、昭和62年の河川法改正により、市町村長施行の河川工事・河川の維持制度（市町村工事制度）が創設され、市町村が行う河川工事等に法律上の位置付けが与えられた。

これにより、市町村長は一級河川（知事管理区間）及び二級河川について、受益の範囲が広域に及ばず、水系全体に著しい影響を与えないような河川工事・河川の維持を行えることとなり、河川管理者に代わって当該河川工事等を行うために必要な範囲の河川管理権限を行うこととされた。

平成11年度は、79市町村、184河川（うち政令指定都市は12市、92河川）で市町村工事制度が活用されている。

（2）河川管理における市町村参画をめぐる状況の変化及び課題

【まちづくりと河川整備の連携に対する要請の一層の高まり】
近年、河川を地域社会の貴重な水辺空間と位置付け、河川環境の保全に配慮しつつ、都市計画や再開発、下水道整備、都市公園整備等と一体的に整備していく要請が益々高まっている。

このため、まちづくりの中心的主体である市町村が、「包括占用許可」（地元市町村が占用許可後に河川敷地の具体的利用方法を決定することができる制度）により、河川空間利用を推進するとともに、併せて市町村工事制度を活用し、まちづくりと連携して河川整備を主体的に進めていくことが強く求められている。

特に、政令指定都市等においては、貴重なオープンスペースとしての河川空間の持つ価値が益々増大していること、良好な水辺環境の整備を推進する必要性が一層高まっていることなど、河川の環境・利用面の機能に対する多様なニーズが生じており、まちづくりと河川整備の連携の要請には強いものがある。

【都市部の浸水対策の必要性】
近年、急激な集中豪雨の発生が頻発する傾向がみられるとともに、大都市の中心部において地下空間の浸水災害が発生するなど、都市部の河川を中心として浸水対策を緊急に実施する必要性が生じている。都市部の治水対策は、流域全体を視野に入れつつ計画的に推進されてきているところであるが、人口・資産が集中している政令指定都市においては、その発意に基づき、緊急な浸水対策を講ずることに対する要請が高まっている。

【現行制度の課題】
　しかしながら、現行の河川管理における市町村参画の制度については、
- 現行の市町村工事制度は、一級河川（知事管理区間）及び二級河川を対象としていることから、一級河川の直轄管理区間では適用されないこと
- 都市基盤河川改修事業を行えるのは、東京都の特別区、道府県庁所在の市、人口20万以上の市、一定の要件を満たす人口5万以上の市に限られていること
- 河川管理においては、政令指定都市を一般の市町村と同様に取り扱い、河川管理権限の特例が設けられていないこと

といった課題がある。

3．河川管理における市町村参画の拡充の方向

　以上の状況を踏まえ、河川管理における市町村参画の拡充を図るため、以下のような施策を講ずる必要があると考える。

（1）市町村工事制度の拡充
【市町村工事制度の一級河川（直轄管理区間）への拡大】
　一級河川の直轄管理区間は、一級河川のうちでも特に重要な区間であることから建設大臣が管理することとされており、市町村工事を行うことについては、水系一貫管理との関係で慎重な検討が必要である。
　しかしながら、まちづくりと連携した河川整備、生態系の保護等の河川環境の保全等の必要性は、一級河川（知事管理区間）や二級河川と変わりはない。市町村長が実施するこれらの事業については、個別具体の事案に即し、市町村長との協議の際に河川管理者である建設大臣がその治水上の影響について判断すれば、河川管理上の支障は生じないと考えられる。
　したがって、一級河川の直轄管理区間についても、治水上著しい影響を与えない範囲で、市町村長が河川管理者との協議により主体的に市町村工事制度を活用する途を開くことが適切である。

【都市基盤河川改修事業の事業主体となる市町村の拡大】
　都市基盤河川改修事業の事業主体となり得る市町村の範囲については前述したところであるが、河川事業の実績、財政力等を考慮して、事業主体となり得る市町村の範囲の拡大を検討すべきである。
　また、市町村工事制度が積極的に活用されるよう、市町村に対する支援の充実についても検討すべきである。

（2）政令指定都市への権限委譲
　政令指定都市は、都道府県と同様の高度な行財政能力を有することから、地方自治法において、都市計画、土地区画整理事業等に関する事務に関し、原則として都道府県と同様の権限を持つこととされている。また、公物管理法である道路法においても、原則として都道府県と同様の道路管理権限を与えられている。現在全国で12市を数える政令指定都市は、これらのまちづくりの権限を活用し、魅力ある都市空間を形成するための取組を続けてきた。
　一方、河川管理では、政令指定都市を一般の市町村と同様に取り扱ってきたものの、政令指定都市は、市町村事業の実施等を通じて、地下河川の整備や日常的な河川管理の補助的業務を含め、技術・ノウハウを蓄積してきた。また、政令指定都市の河川管理権限の委譲に対する要望は年々高まってきているところである。
　政令指定都市がその人的資源・財政力を有効に活用し、上述したまちづくりと河川整備の連携、緊急的な浸水対策の実施の必要性等の諸課題に的確に対応するためには、従来の市町村工事制度に加え、政令指定都市が管理することが適当であると認められる区間について、土地の占用許可、工作物の新築の許可等の権限を含め、都道府県と基本的に同等の河川管理権限を付与することが適切であると考える。
　政令指定都市に河川管理権限を委譲することとする場合、一律に実施するのではなく、各河川における改修の経緯、今後の改修計画、都道府県と政令指定都市の役割分担、地域の意向その他の河川ごとの実情に配慮しながら、例えば都道府県と政令指定都市の意思が合致した区間について権限の委譲を進める等の措置を講ずることが現実的であると考えられる。
　また、例えば、政令指定都市が一定規模以上の水利使用の許可等を行う場合には、その利水・治水上の影響や各種の地域施策との整合を広域的に判断する必要があることから、都道府県の意見を聴くこととするよう措置することも検討すべきである。
　さらに、政令指定都市への河川管理権限の委譲が円滑に行われるよう、政令指定都市が行う河川管理に要する費用について、地方交付税上の措置等の財政措置の充実を図ることも必要であると考えられる。
　これらにより、政令指定都市が、河川管理権限をまちづくりの権限と併せて行使することにより、地域の特性を生かしながら、安全で魅力ある河川の整備と流域の空間整備をより積極的に実施することが可能になると考える。

掲載事例の問い合わせ先

	頁	事 例 名	問い合わせ先	〒	住　　　所	電話番号
概要編						
3-1	11	霞ヶ浦インフォメーションセンター「水の交流会」	建設省霞ヶ浦工事事務所 水質保全課	311-2424	茨城県行方郡潮来町潮来3510	0299-63-2417
	12	「川のフォーラム」	(社)日本河川協会	102-0092	東京都千代田区隼町2-13 US半蔵門ビル101	03-3238-9771
	12	多摩川相談室	建設省京浜工事事務所 多摩川相談室	230-0051	神奈川県横浜市鶴見区鶴見中央2-18-1	0120-53-5379
	13	梅田川を使った環境学習	仙台市環境局環境部 環境対策課水質係	980-8671	宮城県仙台市青葉区国分町3-7-1	022-214-8223
	13	鶴見川流域サロン	(有)流域法人バクハウス内 TRネット事務局	235-0053	神奈川県横浜市港北区綱島西2-13-7-308 (有)流域法人バクハウス内	045-545-4337
	14	多摩川流域懇談会	建設省京浜工事事務所　調査課 (多摩川流域懇談会)	230-0051	神奈川県横浜市鶴見区鶴見中央2-18-1	045-503-4008
			NPO法人多摩川センター	185-0021	東京都国分寺市南町3-23-2 小松ビル3F 国分寺共同事務所	042-326-5135
	15	多摩川市民アクション	NPO法人多摩川センター内 多摩川市民フォーラム事務局	185-0021	東京都国分寺市南町3-23-2 小松ビル3F 国分寺共同事務所	042-326-5135
	16	霞ヶ浦アサザプロジェクト	霞ヶ浦・北浦をよくする市民連絡会議	300-1232	茨城県牛久市上柏田町4-14-10	0298-73-5160
3-2	18	ホームページについて	建設省倉吉工事事務所 調査設計第一課	682-0018	鳥取県倉吉市福庭町1-18	0858-26-6221 (代表)
	19	二ヶ領せせらぎ館の市民運営	建設省京浜工事事務所　調査課	230-0051	神奈川県横浜市鶴見区鶴見中央2-18-1	045-503-4008
	20	旭川流域ネットワーク	旭川流域ネットワーク事務局	700-0914	岡山県岡山市鹿田町2丁目4-36 建設省岡山河川工事事務所内	086-223-5101
	21	肱川の環境整備事業を市民が表彰	建設省大洲工事事務所 調査第一課	795-8512	愛媛県大洲市中村字長畑210	0893-24-5185
	22	通船川ネットワーク	通船川ネットワーク (新潟の水辺を考える会)	950-2111	新潟県新潟市大学南1-7821 (株)グリーンシグマ内	025-263-2727
	23	NPO法人　水環境北海道	NPO法人水環境北海道	061-0051	北海道中央区南1条東1丁目5番地 大通バスセンタービル1号館8F	011-200-7782
	23	行政と市民・事業者のパートナーシップ	市川市環境政策課 「江戸川を守る会」本部事務局	272-8501	千葉県市川市八幡1-1-1 市川市環境部環境政策課内	047-334-1111 (内線3514)
	24	北上川流域市町村連携協議会	水沢市政策管理室	023-8501	岩手県水沢市大手町1-1	0197-24-2111 (内線430)
3-3	25	「緑川の日」(緑川水系熊本県)	「緑川の日」実行委員会事務局	861-4115	熊本県熊本市川尻6-28	096-357-7645
	26	流域センター (「川に学ぶ」研究会)	建設省河川局　河川環境課	100-8944	東京都千代田区霞ヶ関2-1-3	03-3580-4311 (代表)
アイデア編						
1-1	32	多摩川における様々な知識と情報の共有	NPO法人多摩川センター	185-0021	東京都国分寺市南町3-23-2 小松ビル3F 国分寺共同事務所	042-326-5135
	33	荒川知水資料館アモアと	荒川知水資料館	115-0042	東京都北区志茂5-41-1	03-3902-2271
		「ハローあらかわ 生活情報マップARA」	ARA編集部	115-0042	東京都北区志茂5-41-1	03-3598-2131
	34	@nifty「川のフォーラム」FRIVER	お花の店セントポーリア	870-0035	大分県大分市中央町4-1-23	0975-37-4344
1-2	36	一の坂川のホタルの水辺を取り戻す取り組み	山口県土木建築部河川課 治水係	753-8501	山口県山口市滝町1-1	0839-33-3779
	36	神通川を生かした富山赤十字病院	建設省富山工事事務所 調査第一課河川調査係	930-8537	富山県富山市石金3丁目2番37号	076-424-1701 (内線352)
1-3	39	荒川下流しぜん懇談会	建設省荒川下流工事事務所 事業計画課	115-0042	東京都北区志茂5-41-1	03-3902-8745
1-4	40	荒川市民会議	建設省荒川下流工事事務所 調査課	115-0042	東京都北区志茂5-41-1	03-3902-3220
1-5	41	通船川・栗ノ木川下流再生市民会議によるプランづくり	新潟県新潟土木事務所 計画調整課　つうくり市民会議	951-8133	新潟県新潟市川岸町3-18-1	025-231-8328
1-6	42	「狩野川ふるさとの川整備計画」に伴う町民会議	建設省沼津工事事務所 工務第一課	410-8567	静岡県沼津市下香貫外原3244-2	0559-34-2005
	43	「じげの川」(地元の川)づくり	鳥取県倉吉土木事務所 工務第二課	682-0802	鳥取県倉吉市巌城町2	0858-23-3231
	44	市民提案で保全された一庫大路次川	猪名川の景観を守る会	666-0117	兵庫県川西市東畦野4-8-7	0727-95-1441

掲載事例の問い合わせ先　121

	頁	事例名	問い合わせ先	〒	住所	電話番号
1-7	45	市民団体等への草刈・清掃委託（神奈川県）	神奈川県 県土整備部 砂防海岸課　防災・海岸班	231-8588	神奈川県横浜市中区日本大通1	045-210-6514
1-7	45	長良川環境レンジャー	岐阜市総合企画部 文化・生涯学習課	500-8701	岐阜県岐阜市今沢町18	058-265-4141（内線6163）
	46	住民参加による北沢川緑道の整備と維持管理	世田谷区北沢総合支所まちづくり部土木課みどりと公園係	155-8666	東京都世田谷区北沢2-8-18 北沢タウンホール6F	03-5478-8036
2-1	48	市民団体等との連携を進めるにあたっての現地の行政担当者からみた問題・課題についてのアンケート調査	建設省河川局　河川計画課	100-8944	東京都千代田区霞ヶ関2-1-3	03-5251-1871
2-2	49	福祉憲章'99	建設省福島工事事務所 地域づくり推進室	960-8153	福島県福島市黒岩榎平36	024-546-4331（内線208）
2-3	50	水文水質データベースのインターネットによる公開	建設省河川局河川環境課 水利水質係	100-8944	東京都千代田区霞ヶ関2-1-3	03-3580-4311（内線3345）
2-3	51	インターネットで意見を聞く	建設省京浜工事事務所　調査課	230-0051	神奈川県横浜市鶴見区鶴見中央2-18-1	045-503-4008
2-4	52	流域活動センター（仮称）	建設省京浜工事事務所 流域調整課	230-0051	神奈川県横浜市鶴見区鶴見中央2-18-1	045-503-4009
2-5	53	四万十川流域会議	高知県文化環境部 四万十川対策室	780-8570	高知県高知市丸ノ内2-4-1	088-823-9795
2-6	54	渡利水辺の楽校	福島市建設部　河川課	960-8601	福島県福島市五老内町3-1	024-525-3756
2-6	55	大淀川学習「北諸子どもサミット」	宮崎県北諸県郡高城町 教育委員会　学校教育課	885-1295	宮崎県北諸県郡高城町大字穂満坊306	0986-58-2680
2-7	56	「みんなでつくろう最上川環境マップ」―川の健康診断してみませんか―	NPO法人水環境ネット東北	980-0811	宮城県仙台市青葉区一番町1-15-19-202	022-217-2327
2-7	56	市民による名張川の水質調査と啓発活動	川の会・名張　事務局	518-0722	三重県名張市松崎町1467-4	0595-63-0260
2-8	57	多摩川学校の運営	NPO法人多摩川センター	185-0021	東京都国分寺市南町3-23-3 小松ビル3F共同事務所	042-326-5135
	58	NPO法人水環境ネット東北	NPO法人水環境ネット東北	980-0811	宮城県仙台市青葉区一番町1-15-19-202	022-217-2327
2-9	59	よこはま川のフォーラム	（株）農村・都市計画研究所 よこはま川のフォーラム事務局	227-0044	神奈川県横浜市青葉区もえぎ野28-6-201	045-972-2565
	59	水郷水都全国会議	毎回現地実行委員会方式で開催 平成12年第16回大会は東京大会実行委員会の主催	111-0025	東京都台東区東浅草2-20-6	03-3841-0677
2-10	60	北上川リバーマスタースクール	北上川流域連携交流会	020-0034	岩手県盛岡市盛岡駅前通3-63 新第2甚ビル3F	019-621-8551
2-11	62	真岡自然教育センター	真岡市自然教育センター	321-4365	栃木県真岡市柳林1140-2	0285-83-1277
2-11	63	広瀬川の清流を守る条例	仙台市環境局環境部 環境計画課	980-8691	宮城県仙台市青葉区国分町3-7-1	022-214-8218
	64	さいたま川の博物館	さいたま川の博物館	369-1217	埼玉県大里郡寄居町大字小園39番地	048-581-8739
2-12	65	宮川流域ルネッサンス事業	三重県地域振興部資源課 宮川流域総合調整室	514-8570	三重県津市広明町13番地	059-224-2247
2-13	66	霞ヶ浦アサザプロジェクトへの「霞ヶ浦粗朶組合」などの関係団体の参画	霞ヶ浦・北浦をよくする市民連絡会議事務局	300-1232	茨城県牛久市上柏田町4-14-10	0298-73-5160
	67	北上川クリーン作戦	盛岡ガス工業株式会社	020-0832	岩手県盛岡市東見前7地割152番	019-638-6144
2-14	68	鶴見川流域クリーンアップ作戦	鶴見川流域ネットワーキング事務局	235-0053	神奈川県横浜市港北区綱島西2-13-7-308 （有）流域法人バクハウス内	045-546-4337
	70	総合治水の日イベント「ふれあって鶴見川」	建設省京浜工事事務所 流域調整課	230-0051	神奈川県横浜市鶴見区鶴見中央2-18-1	045-503-4009
	70	多摩川洪水攪乱環境調査	建設省京浜工事事務所 河川環境課	230-0051	神奈川県横浜市鶴見区鶴見中央2-18-1	045-503-4011
3-1	71	北上川倶楽部「お米の学校」	北上川倶楽部事務局	023-0033	岩手県水沢市不断町5-1	0197-23-5771
	71	「西暦2000年の多摩川を記録する運動」の実施	西暦2000年の多摩川を記録する運動実行委員会	185-0021	東京都国分寺市南町3-23-2 小松ビル3F 国分寺共同事務所 NPO法人多摩川センター内	042-326-5135
	72	市民がまとめた「不老川　川づくり　まちづくりマップ」	不老川流域川づくり市民の会	358-0012	埼玉県入間市東藤沢8-30-29	042-965-1741

	頁	事　例　名	問い合わせ先	〒	住　　所	電話番号
3-2	73	荒川中土手プロジェクト	中土手に自然を戻す市民の会	132-0033	東京都江戸川区東小松川3-35-13-204	03-3654-7240
	73	NPO法人グラウンドワーク三島	NPO法人グラウンドワーク三島	411-0036	静岡県三島市一番町11-6	0559-83-0136
3-3	74	市民の環境保全活動による天願川改修	沖縄県土木建築部河川課河川係	900-8570	沖縄県那覇市泉崎1-2-2	098-866-2404
	75	梅田川水辺の楽校プロジェクト	横浜市下水道局河川部河川設計課	231-0017	神奈川県横浜市中区港町1-1	045-671-2859
3-4	76	矢作川沿岸水質保全対策協議会	矢作川沿岸水質保全対策協議会事務局	446-0065	愛知県安城市大東町22-16 明治用水会館	0566-76-6241
	77	鶴見川流域ネットワーキング	鶴見川流域ネットワーキング事務局	235-0053	神奈川県横浜市港北区綱島西2-13-7-308 (有)流域法人バクハウス内	045-546-4337
パートナーシップの現場から							
1	81	官民協働による通船川再生事業の取り組み	通船川ネットワーク(新潟の水辺を考える会)	950-2111	新潟県新潟市大学南1-7821 (株)グリーンシグマ内	025-263-2727
2	86	湖と森と人を結ぶ霞ヶ浦アサザプロジェクト	霞ヶ浦・北浦をよくする市民連絡会議	300-1232	茨城県牛久市上柏田町4-14-10	0298-73-5160
3	92	旭川流域ネットワーク(AR-NET)と旭川流域連携協議会	建設省岡山河川工事事務所内旭川流域ネットワーク	700-0914	岡山市鹿田町二丁目4-36	086-223-5101
4	98	全国水環境交流会	全国水環境交流会事務局	105-0003	東京都港区西新橋2-11-5-3F　地域交流センター内	03-3581-2700
5	102	二ヶ領せせらぎ館の市民運営	川崎・水と緑のネットワーク	214-0014	神奈川県川崎市多摩区登戸1888 斉藤ビル3F I.D.A建築総合研究所内	044-932-1366
6	107	北上川リバーマスタースクール	北上川流域連携交流会	020-0034	岩手県盛岡市盛岡駅前通3-63 新第2甚ビル3F	019-621-8551

掲載事例の問い合わせ先　123

「パートナーシップによる河川管理のあり方に関する研究会」構成メンバー

パートナーシップによる河川管理のあり方に関する研究会委員

小河原　孝生	社団法人　環境教育フォーラム理事・株式会社　生態計画研究所所長
奥井　登美子	社団法人　霞ヶ浦市民協会副理事長・土浦の自然を守る会代表
千坂　嵶峰	聖和学園短期大学教授・北上川流域連携交流会代表世話人
堂本　泰章	財団法人　埼玉県生態系保護協会事務局長
橋本　博之	立教大学法学部教授
○宮村　忠	関東学院大学工学部教授
森　清和	よこはまかわを考える会幹事・全国水環境交流会代表幹事

（○：座長）　　敬称略　五十音順

行政からの参加者

足立　敏之	建設省　河川局　河川環境課建設専門官（平成9、10、11年度）
塚原　健一	建設省　河川局　河川環境課長補佐（平成9年度）
五十嵐　崇博	建設省　河川局　河川環境課長補佐（平成9年度）
光成　政和	建設省　河川局　河川環境課長補佐（平成10年度）
三戸　雅文	建設省　河川局　河川環境課河川環境対策係長（平成9、10年度）
結城　和宏	建設省　河川局　河川環境課河川環境調整係長（平成11年度）
関　克己	建設省　河川局　治水課沿川整備対策官（平成9年度）
上総　周平	建設省　河川局　治水課沿川整備対策官（平成10年度）
佐藤　哲也	建設省　河川局　治水課長補佐（平成9、10年度）
及川　理	建設省　河川局　治水課長補佐（平成11年度）
越智　繁雄	建設省　東北地方建設局　河川調査官（平成10年度）

事務局

石川　浩	財団法人　リバーフロント整備センター研究第一部次長（平成9,10,11年度）
坂本　和雄	財団法人　リバーフロント整備センター研究第一部（平成9年度）
田上　祐二	財団法人　リバーフロント整備センター研究第一部（平成10,11年度）
荒木　稔	株式会社　レック研究所（平成9,10年度）
山道　省三	環境計画　山道省三アトリエ
大澤　浩一	株式会社　ニデア

監修にあたって、各委員から一言

小河原　孝生　委員

　3年間の研究会の間にも、NPO法（特定非営利活動促進法）が成立するなど、世の中は地方分権から市民分権へと、動きを速めています。この研究会のテーマである「協働＝パートナーシップ」の考え方は、行政の枠内での市民参加から、市民が主体的に公共性を担い、行政と対等に責任を負う市民社会の成立を目指すものです。そして、多様な事例にも見られるように、河川はその先進的な場として、各地で実践が進んでいます。

　ところで、今日の環境問題の多くは、地球温暖化や廃棄物の増大にみられるように、その原因の大部分は、私達の日常生活と密接に関わっています。その根本的な解決のためには、対症療法的な問題解決のみならず、人と自然、人とひととの関わりを見直し、自らの行動様式の変革を目指す中で、地域や地球環境について市民と行政が対等に責任を持ち、一人ひとりの合意形成による「持続可能な地域づくり」を目標に、自然と共生する川づくりや地域づくりなど、市民主体の積極的な環境創造へのアプローチが求められています。その先駆的な活動として、川をテーマに、源流から河口までの流域はもとより、水の惑星である地球とのつながりへと、人々の視野を広げるプロセス（循環への気づき）は、地球環境問題の解決のためにも、重要な意味を持っています。

　このように、この研究会の成果が、川から始まる循環型の社会形成に向けて、持続可能な地域づくりの一環として、市民と行政が手を携え、パートナーシップによる川づくりに取り組むための一助となることを願っています。

奥井　登美子　委員

　―川はあなたを待っている―

　霞ヶ浦の流入河川56本の水質調査を、年に一回夏休みに子どもたちと15年くらいやったことがある。1982年の頃は「春の小川」の唄によくでてくるようなメダカや小ブナのいる川も残っていて子どもたちは大喜び。楽しみにして次の年に行くと、その小川がコンクリートのドブになってしまってがっかりする。そんなことのくりかえしの中で、県の土木課の人に質問した。「川幅が50センチの川までなぜコンクリート護岸にするのですか？」「集中豪雨で洪水になった時、あなたたち自然保護団体で経済的に補償してくれますか。それもできないのに護岸にたいして意見などいわないで下さい」、「地域住民が小川の護岸などに関して意見をいうチャンスはないのですか」、「河川の管理は、ご存じのように国の管理になっています。そういうことは絶対ありえません」係の人の怒った顔がいまでも目にうかぶ。1997年河川法が改正された。住民も自分の家の庭のように親しんでいる地域の川の将来について意見をいえるようになったと知ってことのほかうれしかった。うれしかったけれど、意見のいえない時代があまりに長かったせいか、そういうことを住民が考えるのすら悪い事だと思いこんでいる人々があまりに多い。1996年霞ヶ浦での世界湖沼会議の最後の日。アラバマ大学のバッセリーニさんは、「アメリカで自然がかろうじて保たれている川は、市民団体がついています。市民団体が張りついていない川は、急速に汚染がすすんでいます」日本はどうなのだろう。「市民団体はお上に楯つく悪い奴のあつまりだ」そういう意識が川にも土手にも深くしみついてしまっている。いきなり「パートナーシップ、これからの住民はお役所や企業と一緒に考えて、地域の川を楽しいものにして行きましょう」とよびかけても、とまどうばかりでどうしていいかわからないのが現状である。

　お役所だけで川が守れる時代はおわってしまったのだ。

　「川はあなたを待っている」この冊子が、川や湖を友達にしたいけれどどうしていいかわからないとおもっている人のよきアドバイスになれば幸いである。

千坂　嵧峰　委員

　各種の川に係わる団体をうまく紹介している労作になったと思う。今後、このハンドブックを手がかりに、各団体が交流を深め、互いの経験を学びあうことが盛んになることを願う。

　今後の課題を若干挙げておく。

　今回の各団体の内容紹介は、注文を付けず自主的報告によったため、無難にまとめた報告が多かったように感じられた。しかし、実際に運動に携わっている人なら、その背後にある問題点をこそ知りたいと思うはずである。運動を進めていけば先鋭的な方向に行こうという人と大衆的な広がりの面を重視する人の間の摩擦が生まれやすいとか、資金面での苦労とか、仕事との調整がなかなか出来ず苦労しているとか、さまざまな問題点が生まれると思う。そういった運動論的なことは本に紹介しにくいだろう

が、聞き取り調査などを行い付け加えてほしいものである。

また、毎年出てくる新しい事象を取り入れ、版を絶えず新しいものにしてもらいたい。この2、3年は様々なNPOが色々な試練に立ち向かう激動の時代になると思われる。したがって、最新の取り組みを、このハンドブックによって広く知らせることは、今以上に重要になるのではなかろうか。

堂本　泰章　委員

―真のパートナーシップの推進に向けて―

本書の巻頭にもあるように、「パートナーシップは、本来双方が対等の立場でお互いの利点、欠点を話し合い、話し合いを通じて信頼関係の基に取り組むことが基本であるが、現在はその模索段階にある」のが現状です。そこで、今後真のパートナーシップを推進していくためにも、1）課題点の情報交流、2）情報の公開、3）市民団体の成熟、という3つの視点からの取り組みを提案したいと思います。

まず、課題点の情報交流についてです。本書で取り上げられた各地の事例は、それぞれが独自の工夫や努力のもとに進められてきていますので、今後のパートナーシップによる河川管理を実践する上で大いに参考にすべきものばかりです。しかし、今回本書に書ききれなかった側面があります。それは、これからの事例が先駆的であるからこそ経験し乗り越えてきた様々な問題や壁についてです。我々市民・市民団体の活動では、そこに集まる人や対象となる河川、背景となる歴史文化などによって進めるパートナーシップの形はさまざまです。しかし、そこで持ち上がる問題には共通する点も多々あります。ともすれば、他の市民・市民団体が、多くの問題点や壁をどうやって解決し乗り越えてきたか、という経験談こそが、これから取り組もうとする地域あるいは同じような問題に悩む地域にとっての大きな力となるはずです。ですから、今後はそうした問題点などもあえて取り上げ、議論していく必要があると言えます。

次に、情報公開についてです。市民に対する行政情報の開示は、以前より進んできてはいます。しかし、必要な情報が必要とされるべき時に必要な形で提供されているとは言えないのではないでしょうか。パートナーシップではお互いの立場の理解が不可欠です。ですから、情報公開の形式・内容・時期に行政側の都合優先の側面があったとすれば、市民にとってはもちろん、行政にとっても実りある市民参加に結びつきません。市民・市民団体が不満や要求という消極的な形ではなく、建設的な意見や協力を申し出るなど積極的な形で参加できるよう情報公開が行われるべきです。

最後に、市民団体の成熟についてです。参画する市民・市民団体が行政と対等に対話できるかどうかは、市民参加ひいてはパートナーシップが上手く行く上で貴重な鍵になります。日本において市民参加がなかなか進まなかった原因の一つとして、市民・市民団体の側に十分な認識や必要な知識、行動力など、市民参加のための実力が十分でなかったことが挙げられます。参加の場や機会をつかみ、活かしていくためにも、市民・市民団体が行政と対等に対話をするだけの意識や認識を持ち、情報を集め、正確な知識を得る努力をすることが必要不可欠なのです。

以上3つの視点から、今後必要な取り組みを挙げました。これらの取り組みが進んでいけば、行政と市民・市民団体の間も表面的な関係ではなく、利害をこえた議論、対等な立場での対話によって相互理解を得られる関係＝（イコール）真のパートナーシップ、に大きく前進するのではないでしょうか。

橋本　博之　委員

河川管理者が、NPO・NGO等の市民セクターとのパートナーシップによる河川管理を実現しようとするならば、河川管理者の側は、NPOについて、公共性を担う主体として認知することが要請されるはずです。河川管理者としても、NPOを、単に多様化した行政需要を補完する主体として位置づけるという発想をとることは許されないでしょう。NPOの側も、公共性を担う主体としてその能力を高めるとともに、情報開示をはじめとする社会的責任を負わなければならなくなります。私には、現時点で、河川管理者と市民セクターとのパートナーシップが構築できるまで機運が熟しているのか、正直よくわかりません。しかし、今後の公共空間管理のための制度のあり方を展望するならば、行政と市民セクターとのパートナーシップは不可欠だと思われるので、河川管理のそれぞれの現場において、経験を着実に積み重ねることがなによりも肝心だと考えます。

また、河川管理者と地方自治体等の公共団体とのパートナーシップも、重要な課題になると思われます。こちらの方は、まさに公共性を担う主体同士の協働関係になるので、具体的な仕掛けをつくるのに

より熟しているように思われます。各種の公共団体との関係には、別の意味で障害があるかもしれませんが、パートナーシップの有効な実践が強く要請されていると思います。

このハンドブックが大いに活用されることを願ってやみません。

宮村　忠委員

全国で展開されているパートナーシップへのとりくみは、多様である。それでも、研究会での共通な認識は、まだ模索段階であるということであった。模索段階ということであれば、目標とする成立・成熟段階であって、その中途段階、ひょっとすると遙遠しということになってしまうかもしれない。でも、その一方で、模索段階こそ大切で、成立段階よりむしろ高い評価を受けられるかもしれないとさえ思える。

「パートナーシップによる河川管理」の提言も、また提言をもとにとりまとめられたこのハンドブックも、研究会に参加した者が一致した内容というわけではない。それだからこそ「正常」と考えたい。仮に一致したとしたら、少々警戒すべきことかもしれない。例えば、事例の評価も、まちまちであった。良い評価は容易に総括できるが、厳しい評価は合意形成も共通認識に立脚することも困難であった。それだけに、掲載した事例は、単なる紹介・手本とい

うよりも、夫々に追究すべき、あるいは追究されるべき対象なのであろう。事例は、だからこそ「重い」のであろう。幸いにも、事例の重さについては、ことのほか一致していた。

これからも模索がつづくことに、多いに期待したいものである。

森　清和委員

「パートナーシップによる河川管理」、直感的だが、21世紀のいい川づくりを実現する仕組みとしては、これしかないのではないかと思う。確かにパートナーシップとは何かをはじめまだ実態としてはあいまいなところがかなりある。しかし夢がある。

伝統的な河川管理は河川技術者の占有領域であり、そのことが優れた治水技術を育み河川管理者の誇りを培ってきた。だが同時にそのことが、環境問題などの時代の価値観から遊離する源になってきたことも否めない。環境と参加を組み込んだ新河川法の主旨を生かしていくためには、大胆に河川管理をパートナーシップ方式に転換していく必要があろう。

その革新は容易な道ではないし、踏み切るには河川管理者・市民ともに、とくに河川管理者には相当に勇気のいることと思われる。しかし新しいことに挑戦できるという従来とは違った魅力もあるのではないかと思う。ともあれ今後の展開を期待したい。

ともだちになろう　ふるさとの川
――川のパートナーシップハンドブック――　【2000年度版】

2000年(平成12年) 11月30日　　　初版刊行	
監　　修	パートナーシップによる河川管理のあり方に関する研究会
編　　集	財団法人　リバーフロント整備センター
発 行 者	今井　貴・四戸孝治
発 行 所	㈱信山社サイテック
	〒113-0033　東京都文京区本郷6－2－10
	TEL 03(3818)1084　FAX 03(3818)8530
発　　売	㈱大学図書
印刷・製本／エーヴィスシステムズ	

©2000. 財団法人 リバーフロント整備センター　Printed in Japan　ISBN4-7972-2530-0 C3040